Alexander Armbruster (Hg.)

Künstliche Intelligenz für jedermann

Alexander Armbruster (Hg.)

Künstliche Intelligenz für jedermann

Wie wir von schlauen Computern profitieren
Das Einsteigerbuch

Frankfurter Allgemeine Buch

Bibliografische Information der Deutschen Nationalbibliothek
Die Deutsche Nationalbibliothek verzeichnet diese Publikation in der Deutschen Nationalbibliografie; detaillierte bibliografische Daten sind im Internet über http://dnb.d-nb.de abrufbar.

Frankfurter Allgemeine Buch

Frankfurter Allgemeine Buch, Frankenallee 71–81,
60327 Frankfurt am Main

Umschlag: Julia Desch, Frankfurt am Main
Titelgrafik: Jakarin2521_Thinkstock
Satz: Jan Walter Hofmann
Druck: CPI books GmbH, Leck
Printed in Germany

1. Auflage, Frankfurt am Main 2018
ISBN 978-3-96251-000-8

III. Berühmte Forscher und ihre Vorhersagen

IV. Visionen, Gefahren und der Blick in die entfernte Zukunft

„Mehr als die Vergangenheit interessiert mich die Zukunft, denn in ihr gedenke ich zu leben."

Albert Einstein
Physiker

„Die Sache, über die ich mir Sorgen machen würde: Wir sollten nicht glauben, dass Künstliche Intelligenz nicht passieren und keinen Fortschritt machen wird. Das ist der falsche Ansatz. Und das hat übrigens auch nichts zu tun mit Google oder irgendeinem anderen einzelnen Unternehmen: Technologie entwickelt sich weiter. Wir müssen uns als Gesellschaft darauf vorbereiten: Wir müssen die Vorteile nutzbar machen, die Nachteile minimieren und uns dem ethisch verantwortungsbewusst nähern."

Sundar Pichai
Vorstandsvorsitzender von Google

Vorwort

Der Science-Fiction-Autor William Gibson postulierte einmal: „Die Zukunft ist bereits hier – sie ist bloß nicht gleich verteilt." Das stimmt. Und das gilt für jede neue Technologie, niemals wälzt sie schon von Beginn an alles auf einmal um. Die Künstliche Intelligenz, in die so viele Unternehmen gerade viel Geld stecken, ist keine Ausnahme. Doch sie ist besonders faszinierend. Denn es geht um eine Herausforderung, die in dieser Breite neu ist für uns Menschen. Maschinen sind zunehmend nicht nur körperlich stärker, sondern übertrumpfen in jeweils speziellen Bereichen immer häufiger unsere Gehirne. Was bedeutet das? Welche Chancen stecken dahinter? Welche Gefahren schlummern in dieser Technologie? Wer sind die klugen Köpfe, wer verdient damit Geld?

Mit diesem Buch möchten wir Sie, liebe Leserinnen und Leser, einführen in eine der wichtigsten Entwicklungen unserer Zeit. Und in die zentralen Debatten, die sich daraus ergeben. Das ist ein Einführungsbuch, in dem wir bewusst auf die Details der dahinterstehenden Mathematik verzichten. Stattdessen wollen wir die grundlegenden Ideen darbieten, wichtige Akteure vorstellen – Unternehmen wie einzelne Forscher. Daher haben wir das Werk in vier Teile gegliedert:

Im ersten erfahren Sie, worum es geht, wenn heute von Künstlicher Intelligenz die Rede ist und welche wichtigen Diskussionen es in diesem Zusammenhang gibt. Im zweiten stellen wir ihnen führende Unternehmen vor auf dem Gebiet und konkrete Produkte und Ideen, die es schon gibt. In Teil drei machen wir Sie bekannt mit wichtigen Forschern, die Pionierarbeit geleistet haben und ohne die Künstliche Intelligenz, so wie wir sie kennen, nicht möglich geworden wäre. Schließlich folgen in Teil vier große Visionen und Gefahren und einige Szenarien, die Wirklichkeit werden können

– das ist der spekulative Blick in die weiter entfernte Zukunft, den wir ebenfalls wagen wollen.

In diesem Buch geben wir der Künstlichen Intelligenz ihr aktuelles Gesicht. Und wir tun dies mit einem ganz besonderen Blick auf unser Land, die Bundesrepublik Deutschland. Unsere vielen Beispiele geben dabei stets den Stand wieder, wie er sich während des Druckes dieses Bandes darstellt. Und noch etwas möchten wir Ihnen gerne mitteilen, bevor Sie mit dem Lesen beginnen: Wir haben entschieden, dass Sie nicht nur das Buch insgesamt ohne Vorkenntnisse lesen können sollen, sondern auch jedes einzelne Kapitel. Deswegen erklären wir wichtige Sachverhalte nicht nur einmal zu Beginn des Buches, sondern wiederholen sie zumindest kurz an jenen späteren Stellen, an denen sie gerade wieder relevant sind.

Alle Beiträge basieren im Übrigen auf unserer Serie „Künstliche Intelligenz“, die seit Sommer 2017 in der Frankfurter Allgemeinen Zeitung erscheint. Der vielfältige Zuspruch und die klugen Fragen sowie Kommentare unserer Leser haben uns bestärkt, unsere Leidenschaft nun auch in Buchform anzugehen.

Ihr Alexander Armbruster und das Autorenteam

I. Damit Sie wissen, worum es geht

Ein Schnellkurs in Künstlicher Intelligenz

Computerprogramme, die genau verstehen, was wir sagen, alleine Autos fahren können, Spam-Mails herausfiltern, komplizierte Krankheiten diagnostizieren, Bücher empfehlen, nervige Alltagsroutinen übernehmen, die Umwelt retten, alle Menschen reicher machen: Die langfristigen Hoffnungen, die sich derzeit mit dem Begriff Künstliche Intelligenz (KI) verbinden, sind enorm. Bisweilen gleichen sie einer quasi-religiösen Erlösungserwartung. Andererseits wird auch oft unterschätzt, welches Potential diese Technik schon mit Blick auf die nähere Zukunft besitzt. „Jede geistige Aufgabe, für die ein Mensch weniger als eine Sekunde braucht, können wir mittels KI wahrscheinlich automatisieren, jetzt oder in der nahen Zukunft", postuliert zum Beispiel Andrew Ng; er ist einer der großen Experten auf dem Gebiet. Es gebe „keine Institution auf dem Planeten", die nicht durch Künstliche Intelligenz verbessert werden könne, sagt Amazon-Gründer Jeff Bezos – und meint damit: kein Unternehmen, keine Behörde, im Grunde auch keinen privaten Haushalt.

Auf der ganzen Welt tätige Unternehmen wie Googles Muttergesellschaft Alphabet, das soziale Netzwerk Facebook, der Softwarekonzern Microsoft, der Onlinehändler Amazon, der Handyhersteller Apple, die drei chinesischen Internetunternehmen Baidu, Tencent und Alibaba, der deutsche Allzweckzulieferer Bosch, die großen Autohersteller, Hedgefonds, Banken und Versicherer geben teils Milliarden aus und werben Mitarbeiter an, suchen die größten Talente direkt an den führenden Fakultäten. China, die zweitgrößte Wirtschaftsmacht der Welt, kündigte im vergangenen Jahr einen ambitionierten nationalen KI-Plan an, der auch die Verantwortlichen in Deutschland und den Vereinigten Staaten aufhorchen ließ.

Weiter gilt das Bonmot des verstorbenen Mathematikers John von Neumann: „Es scheint, dass wir die Grenzen dessen erreicht haben, was mit Computertechnologie möglich ist. Allerdings sollte man mit solchen Aussagen vorsichtig sein, denn fünf Jahre später klingen sie oft ziemlich dumm." Deswegen wollen wir in diesem Buch keine konkrete Prognose abgeben, wann das erste Auto ganz alleine fährt oder ein Computer über „gesunden Menschenverstand" so verfügt, dass mit ihm eine Diskussion möglich ist, die sich nicht oder kaum von der mit einem anderen Menschen unterscheidet. Ziemlich sicher scheint indes, dass beides kommen wird.

Tatsächlich und konkret lohnt zunächst einmal ein Blick zurück: Woher kommt der Begriff Künstliche Intelligenz, wie wir ihn heute verstehen? Wer das wissen will, der kommt an John McCarthy nicht vorbei. Er war Mathematikprofessor in den Vereinigten Staaten, am Dartmouth College in Hanover im amerikanischen Bundesstaat New Hampshire. Und er war derjenige, der die Bezeichnung „Künstliche Intelligenz" erstmals in den fünfziger Jahren des vergangenen Jahrhunderts verwendete. McCarthy schrieb einen Brief an die Rockefeller-Stiftung, weil er Geld wollte für eine Fachkonferenz. Er bekam die Mittel. Die Dartmouth-Konferenz im Sommer des Jahres 1956 gilt heute als die Geburtsstunde der Künstlichen Intelligenz als eigener Disziplin.

Die Teilnehmer in Dartmouth waren wesentlich Fachleute eines Teilgebietes der Mathematik, das sich einfach gesagt damit befasst, Aussagen und Begriffe als Symbole darzustellen und durch bestimmte Transformationen Schlussfolgerungen daraus zu ziehen. Fortschritte in der Computertechnologie eröffneten auf diesem Feld ganz neue Möglichkeiten. Den Weg dafür hatte wesentlich Alan Turing bereitet, der für die britische Regierung Funksprüche der deutschen Wehrmacht entschlüsselte mit dem ersten elektromagnetischen Computer der Welt. Turing schrieb in seinem in der Rückschau unglaublich weitsichtigen Artikel „Computing Machinery and Intelligence" im Jahr 1950 schon, worum sich der Fortschritt in der Computertechnologie drehen werde: Um das Verständnis natürlicher Sprache, Übersetzungsleistungen, Entscheidungsfindung und eben die mathematische Beweisführung. Seine Prognose bewahrheitete sich – wenn auch einige Jahrzehnte später erst.

An der großen Weltöffentlichkeit ging das damalige Treffen in Dartmouth vorbei. Die Teilnehmer hatten sich zwar viel vorgenommen. Allerdings war die Computertechnologie noch weit entfernt davon, ein zumal in die Konsumgewohnheiten der Menschen integriertes Massenphänomen zu sein – es gab kein Internet, mit dem jeder Mensch verbunden war, kein Smartphone, das jeder ständig dabei hatte, kein Big Data. Und auch keine schlagzeilenträchtigen Warnungen wie sie etwa der verstorbene britische Physiker Stephen Hawking oder der israelische Historiker Yuval Noah Harari aussprachen, die sich und uns fragen, ob gar die Zukunft der Menschheit in Frage steht infolge leistungsfähigerer und intelligenterer Computer – wir werden diese Frage später ausführlicher diskutieren.

Tatsächlich war McCarthys Wortkreation „Künstliche Intelligenz" auch ein äußerst gelungener Marketing-Coup. „Wenn McCarthy einen eher langweiligen Begriff verwendet hätte, der nicht eine Herausforderung der menschlichen Dominanz und Erkenntnisfähigkeit suggerieren würde, (...) würde Fortschritt auf diesem Gebiet wohl eher als das erscheinen, was es ist – das andauernde Fortschreiten der Automatisierung", schreibt der amerikanische Computerfachmann und Unternehmer Jerry Kaplan.

Das Interesse an dieser Forschung wuchs infolge der Dartmouth-Konferenz schnell. In den sechziger Jahren trat das amerikanischen Verteidigungsministerium als potenter Geldgeber auf den Plan und finanzierte drei Forschungslabore für Künstliche Intelligenz, eines am MIT in Boston, ein anderes an der Stanford-Universität und ein drittes an der Carnegie-Mellon-Universität in Pittsburgh – alle drei zählen auch gegenwärtig zu den führenden Fachbereichen der Welt. Um etwa den Computer Deep Blue zu kreieren, der im Jahr 1997 den damaligen Schachweltmeister Garri Kasparow bezwang, heuerte IBM drei Forscher der Carnegie-Mellon-Universität an. Das spielerische Kräftemessen zwischen Mensch und Maschine schaffte es naturgemäß immer wieder eher in eine breitere Öffentlichkeit als die wissenschaftlichen Durchbrüche in der Informatik. Publikumswirksam besiegte der IBM-Supercomputer Watson Menschen im Quizformat „Jeopardy" oder das Computerprogramm AlphaGo der Google-Tochtergesellschaft Deepmind Weltklasseleute im Brettspiel Go oder die Software „Libratus" vier der besten Pokerspieler des Planeten (auch dazu später mehr).

Nach diesen Wettstreits hat es immer auch Diskussionen dieser Art gegeben: Handelte es sich hierbei wirklich um maschinelle Intelligenz, oder ging es letztlich „nur" um Rechnen? Chris Bishop, ein leitender KI-Forscher in Diensten des Softwareunternehmens Microsoft, brachte das während eines launigen Vortrages einmal so auf den Punkt: „Jedes Mal, wenn ein Computer eine Aufgabe bewältigen konnte auf einem Level oberhalb dessen, was Menschen können, sagten Leute, okay, letztlich war das aber nicht intelligent, das war nicht wirklich Künstliche Intelligenz. Das brachte manchen Zyniker zu einer neuen Definition von KI, die lautet: Künstliche Intelligenz ist schlicht und einfach stets das, was Computer jetzt noch nicht tun können."

Andererseits versperrt die Liste der jüngsten Erfolge schlauer Computerprogramme schnell auch einmal den Blick darauf, dass das Voranschreiten der Künstlichen Intelligenz über die vergangenen Jahrzehnte keine klare und stets einseitige Angelegenheit war. Es gab schon mehrere Hochphasen, die von ernüchternden Episoden abgelöst wurden, die Szene nennt sie „AI Winter". Da erlebten gelegentlich überoptimistische Ankündigungen von Forschern auch mal ein klägliches Rendezvous mit der Realität.

Für die aktuell laufende Hoffnungswelle sind wesentlich drei Dinge verantwortlich: Immenser Fortschritt in der Rechenleistung, gewaltige verfügbare Datenmengen – und eine kleine Gruppe von Experten. Einer von ihnen heißt Andrew Ng. Er war Informatikprofessor an der Stanford-Universität und in den Jahren 2011 und 2012 die treibende Kraft hinter einem Projekt der damals neu geschaffenen KI-Unternehmung Google Brain. Ng und seine Kollegen schalteten 16.000 Prozessoren zusammen und ließen dann ein Computerprogramm zehn Millionen Youtube-Videos mehrere Tage auswerten. Das brisante Ergebnis: Der Computer hat selbst Unterscheidungen gelernt. „Wir haben ihm während des Trainings nie gesagt ‚Das hier ist eine Katze'", sagte Jeff Dean danach, der neben Ng federführend an dem Versuch beteiligt war. „Er erfand im Grunde das Konzept einer Katze."

Dieses Experiment veranschaulicht, worauf sich die neue Hoffnung in der Künstlichen Intelligenz gründet – auf Computern, die selbstständig lernen, anstatt Wissen ganz konkret einprogrammiert zu bekommen. Die Software-Struktur orientiert sich dabei an jener Funktionsweise, die wir dem menschlichen Gehirn unterstellen, deswegen lautet ein wichtiges Schlagwort „künstliche neuronale Netze" und darum geht es auch, wenn von „Deep Learning" die Rede ist. Um ein Missverständnis zu vermeiden: Viele KI-Forscher streben nicht in erster Linie danach, ein menschliches Gehirn genau nachzubilden. Sie wollen Computerprogramme erfinden, die in ganz konkreten Aufgabenstellungen kompetent sind – kompetenter als Menschen.

Was mit Hilfe dieser gerade angesagten KI-Methoden möglich ist, erstaunt: Die Fehlerquoten in der Bilderkennung oder im Sprachverständnis sind deutlich gesunken und teils besser als die von Menschen. Dass das Potential als riesig eingeschätzt wird, dafür spricht etwa das Verhalten vieler namhafter Unternehmen, die Mittel in neue Technik stecken, händeringend Toptalente in diesem Bereich suchen und die eigene Belegschaft weiterbilden. Google zum Beispiel bietet intern Kurse in neuen KI-Methoden für Tausende Mitarbeiter an, wie Peter Norvig einmal öffentlich erläuterte, einer der leitenden Forscher des Tech-Konzerns. Und das große Potential, das dieser Technik zugedacht wird, zeigt sich auch am Interesse an langjährigen Spitzenforschern gerade dieser Fachrichtung innerhalb der Künstlichen Intelligenz: Der Universitätsprofessor Geoffrey Hinton etwa forscht für Google und hat herbeigeführt, dass ein ganzes Team des Unternehmens mittlerweile in Kanada eingerichtet ist, wo er seinen Lehrstuhl hat. Yann LeCun, der einmal wissenschaftlicher Mitarbeiter Hintons war, ist seit vier Jahren KI-Forschungschef von Facebook. Seine Gruppe arbeitet in New York, wo wiederum LeCun auch an der Universität unterrichtet. Und den in Montreal lehrenden KI-Experten Yoshua Bengio hat mittlerweile Microsoft als Berater angeheuert. Die beiden wichtigsten deutschen Informatiker, die zum grundlegenden Fortschritt auf diesem Feld beigetragen haben, heißen Jürgen Schmidhuber und Sepp Hochreiter. Ihre bahnbrechende Idee, die sich hinter dem Kürzel LSTM verbirgt, etablierten sie bereits in den neunziger Jahren – mittlerweile steckt sie in vielen Anwendungen: Google beispielsweise hat seinen Übersetzungsdienst damit runderneuert.

Die Anwendungsfelder für diese KI-Methoden sind zahlreich, die Unternehmen und Universitäten probieren vieles aus. Es geht weiterhin grundsätzlich um Sprachverständnis (Lesen und Hören) und Bilderkennung, die Autohersteller arbeiten an alleine fahrenden Fahrzeugen, der IBM-Computer Watson hilft dabei, Krebs zu therapieren. Um welche Möglichkeiten es geht, hat ein Test gezeigt, den IBM gemeinsam mit dem New York Genome Center durchführte: Um das Erbgut eines 76 Jahre alten Patienten mit lebensgefährlichem Gehirntumor zu analysieren und eine Therapie vorzuschlagen, brauchte Watson bloß zehn Minuten.

Facebook wiederum arbeitet an Programmen, die einmal über das verfügen sollen, was gemeinhin als „gesunder Menschenverstand" gilt. Das ist ganz und gar keine Kleinigkeit. Marvin Minsky, ein vor zwei Jahren verstorbener KI-Vordenker, stellte einmal fest: „Der gesunde Menschenverstand ist keine einfache Sache. Er ist eine gewaltige Gesellschaft schwer verdienter praktischer Ideen – eine Vielfalt im Leben gelernter Regeln und Ausnahmen, Neigungen und Tendenzen, Beurteilungs- und Kontrollmechanismen."

Mit der neu aufgekommenen Hoffnung in den Fortschritt Künstlicher Intelligenz ist aber offenkundig auch eine alte Angst wieder auf die Welt gekommen. Es geht um eine nicht immer konkret fassbare Furcht davor, abgehängt oder überflügelt zu werden. Sie manifestiert sich zum Beispiel in einigen Buchtiteln aus den vergangenen Jahren. „Our Final Invention – Artificial Intelligence and the End of the Human Era", "Smarter than Us: The Rise of Machine Intelligence" oder "Superintelligence" lauten sie. Und sie kreist um die Furcht, was denn daraus folgen würde, wenn es eines Tages ein echtes künstliches Superhirn gäbe, einen Computer, der dem menschlichen Gehirn in jeder Hinsicht überlegen wäre. Während die Erfindung eines solchen Rechners bislang nicht bekannt ist, verläuft diese Debatte teils durchaus apokalyptisch. Eine besonders niederschmetternde Vorhersage stammte von Stephen Hawking: „Die Computer werden irgendwann in den kommenden hundert Jahren mit ihrer Künstlichen Intelligenz den Menschen übertreffen", sagte er einmal und fügte hinzu: „Das wird das größte Ereignis in der Geschichte der Menschheit werden – und möglicherweise auch das letzte."

Diese KI-Diskussion eignet sich momentan einerseits vornehmlich, um gruselige Filme oder Romane auszudenken. Der Informatiker William Press sagte dazu während eines Symposiums an der renommierten amerikanischen Wissenschaftsakademie einmal: „Wir hätten heute auch eine Diskussion darüber veranstalten können, ob Roboter die Welt übernehmen, und Sie würden uns mit ungefähr demselben Wissen wieder verlassen, mit dem Sie zu uns gekommen sind. Dafür aber womöglich umso erschrockener." Wir standen für dieses Buch vor einer ähnlichen Wahl – und haben uns ebenso entschieden. Vorenthalten wollen wir diese Diskussion aber natürlich auch nicht, sie wird im Verlauf des Buches verschiedentlich angeschnitten, etwa in einem Interview mit dem Physiker Max Tegmark, der sich darüber Gedanken gemacht hat in einer sehr konstruktiven Weise.

Vielleicht ist diese Debatte aber auch Ausfluss irgendeiner Irritation, die der Mensch derzeit mit Blick auf sich selbst verspürt. In diese Richtung denkt der katholische Theologe Linus Hauser, der sich viel mit religiösen Elementen in der Science-Fiction beschäftigt hat. „Wir sehen uns beispielsweise mit der Frage konfrontiert, ob es – etwa durch die Entwicklung von Quantencomputern – bald möglich sein wird, dass unsere Geschöpfe uns überlegen sein werden", schrieb er einmal in eine reflektierten Analyse über den Erfolg und die Wirkmächtigkeit der Weltraumsaga Star Wars, und fährt fort: „Je weniger wir selbstbewusst sagen können: ‚Vernunft wird bald überall sein!', und uns als autonomes ‚Ich' auszusprechen vermögen, desto mehr werden wir in unserer Wahrnehmung zum anonymen Existenzkörnchen." Es sei einmal dahingestellt, ob sich ein Mensch wirklich minderwertig fühlen muss, wenn ein Computer schneller rechnen, besser einschätzen oder mehr Wissen im „Kopf" behalten kann – schließlich haben die Menschen auch gut verkraftet, dass Autos schneller fahren können als der schnellste Mensch rennen kann oder Baukräne schwerere Lasten heben können. Das hat (hoffentlich) noch niemanden eifersüchtig gemacht.

Wichtiger scheint demgegenüber jene Diskussion über Künstliche Intelligenz zu sein, die an die absehbaren konkreten neuen Möglichkeiten dieser Technologie anknüpft. Da geht es etwa darum, welche Arbeitsplätze und Berufsbilder wegfallen und welche neu entstehen. Oder wer beispielsweise mit Blick auf selbstfahrende Autos für Schäden haftet. Viele solche Fragen müssen beantwortet werden, andere werden sich erst stellen. Wolfgang Wahlster, der Präsident des Deutschen Forschungszentrums für Künstliche Intelligenz (DFKI), rät übrigens auch in diesen Fragen von vorauseilender Panik ab. „Mit Künstlicher Intelligenz wird menschliche Arbeit in Zukunft stark unterstützt, aber nicht völlig ersetzt", sagt er. „Dies gilt sowohl für körperliche Arbeit zusammen mit kollaborativen Robotern als auch vermehrt für geistige Arbeit zusammen mit selbstlernenden Softbots. Neue Berufsbilder werden entstehen und alte Berufsbilder werden verschwinden wie bei jeder technischen Revolution." Wie das geschieht und wer das macht, auch davon wird noch die Rede sein, mit einem besonderen Blick natürlich auch auf Deutschland.

Eine angesagte Idee, die eigentlich ganz schön alt ist

Angesichts der allgemeinen Begeisterung über Künstliche Intelligenz, künstliche neuronale Netze und maschinelles Lernen, entsteht schnell der Eindruck: Hier ist etwas vollkommen Neues im Gange, eine ganz neue Erfindung. Er trügt. Tatsächlich sind Ideen, die etwa hinter dem stehen, was wir nun künstliche neuronale Netze nennen, teils Jahrzehnte alt. Das gilt auch für die grundlegende Ambition, Computer zu kreieren, die sich an unserer Vermutung über die Funktionsweise des menschlichen Gehirns orientieren. Der Neurowissenschaftler Warren McCulloch und der Logiker Walter Pitts veröffentlichten zum Beispiel schon im Jahr 1943 einen Fachaufsatz, in dem sie die Arbeitsweise einer menschlichen Gehirnzelle mathematisch darstellten; sie präsentierten ein Modell eines künstlichen Neurons. In einem Artikel vier Jahre später diskutierten sie dann über neuronale Netze ebenfalls auf mathematischer Basis.

Damit war sozusagen eine Brücke zur Computerwissenschaft gebaut. „Grob zusammengefasst erkannten sie, dass trotz des Faktes, dass Gehirne weiche, nasse, glitschige Massen sind, die Nachrichtenübermittlung digital ist“, bringt das der KI-Fachmann Jerry Kaplan in seinem Buch über Künstliche Intelligenz auf den Punkt. Die beiden in Chicago forschenden Fachleute McCulloch und Pitts hatten selbst vornehmlich wohl anderes im Sinn als die Informatik zu bereichern. Sie erhofften sich von der mathematischen Beschreibung des Gehirns vor allem auch neue Möglichkeiten, psychische Erkrankungen verstehen und behandeln zu können; McCulloch war Arzt.

In der zweiten Hälfte der fünfziger Jahre trat dann vor allem ein Forscher in diesem Bereich auf den Plan: Frank Rosenblatt. Der Psychologe und Informatiker an der Cornell Universität entwickelte ein eigenes Modell eines künstlichen Neurons und nannte es Perceptron. Forschungsmittel dafür stellte ihm wesentlich die amerikanische Marine zur Verfügung. Er selbst kam in der Öffentlichkeit groß heraus mit seiner Kreation. Die „New York Times" veröffentlichte am 8. Juli 1958 einen Artikel, der folgende Überschrift trug: „Neues Navy-Gerät lernt durch Handeln: Psychologe präsentiert einen Computer-Embryo, der lesen können und klüger werden soll." In dem Artikel wird dann etwa die Erwartung der Marine dargestellt, dass dieser Computer innerhalb eines Jahres „laufen, sehen, schreiben, sich selbst reproduzieren" könne und „sich seiner eigenen Existenz bewusst" sein werde – zu Kosten von ungefähr 100.000 Dollar. Später dann würde ebenjener Computer auch in der Lage sein, konkrete Menschen zu erkennen und Sprache zu übersetzen, mündliche wie schriftliche. Eine äußerst kühne und beachtliche Prognose. Und eine, die durchaus in die damalige Zeit und zu den Gedanken teils auch der führenden Fachleute auf dem Gebiet passte. In ihren Förderantrag für die schon eingangs erwähnte Dartmouth-Konferenz schrieben der uns nun schon bekannte John McCarthy und seine Kollegen Marvin Minsky, Nathaniel Rochester und Claude Shannon selbstbewusst-zuversichtlich: „Es soll ein Versuch unternommen werden, herauszufinden, wie man Maschinen dazu bringen kann, Sprache zu benutzen, Abstraktionen und Konzepte zu entwickeln, um bestimmte Probleme zu lösen, wie sie derzeit nur dem Menschen vorbehalten sind, und sich selbst weiter zu verbessern. Wir glauben, dass (...) bedeutsame Fortschritte erzielt werden können, wenn eine sorgfältig zusammengestellte Gruppe von Wissenschaftlern einen Sommer lang gemeinsam daran arbeitet." Auch diese konkrete Vorhersage erwies sich im Nachhinein als absurd. Allerdings ist von heute aus betrachtet gleichwohl beachtlich, dass durchaus Vieles mittlerweile eingetreten ist, wenn auch einige Jahrzehnte später.

Das Interesse damals war jedenfalls geweckt und groß, es fanden sich Geldgeber für verschiedenste Projekte. Gut zehn Jahre dauerte das an. Dann keimten – aufgrund von weniger realem Fortschritt als erhofft – Zweifel an der Idee, Computer lernen zu lassen in einer Art und Weise, die dem Gehirn nachempfunden ist. Zwei andere Wissenschaftler, Marvin Minsky und Seymour Papert, veröffentlichten ein Buch mit dem Titel „Perceptrons" und zeigten darin wenigstens an bestimmten Modellen künstlicher Neuronen klare Begrenzungen auf. Frank Rosenblatt, mit dem sich Minsky eine besondere Kontroverse lieferte, konnte darauf übrigens nicht mehr mit ebensolcher Ausführlichkeit reagieren, er starb während eines Bootunglücks an seinem 43. Geburtstag.

Nichtsdestotrotz hielten Forscher in verschiedenen Teilen der Welt an der Idee fest, Computerprogramme zu erdenken, die sich an der vermuteten Funktionsweise des menschlichen Gehirns orientieren. Der ukrainische Mathematiker Alexey Grigorevich Ivakhnenko zum Bespiel ist ein regelrechter Pionier gewesen. Der deutsche Informatiker Jürgen Schmidhuber zeichnet ihn sogar als Begründer des „Deep Learning" aus, Ivakhnenko blieb dieser Richtung treu und leistete wertvolle Grundlagenarbeit.

An der Universität im schottischen Edinburgh begann der Psychologe Geoffrey Hinton seine Promotion in Künstlicher Intelligenz – und setzte dabei zielstrebig auf künstliche neuronale Netze. Er hat hernach jahrzehntelang das Thema aus dieser Perspektive erforscht und immer wieder sowohl wertvolle Impulse geliefert als auch, und das wird ihm gerade in der Fachgemeinde angerechnet, stetig Geldgeber gefunden für Grundlagenforschung auf diesem Gebiet. Übrigens ist auch seine Motivation nicht in erster Linie gewesen, die Computerwissenschaft maßgeblich voranzubringen, sondern – den beiden Forschern McCulloch und Pitts durchaus ähnlich – unser biologisches Gehirn besser zu verstehen, wie er anlässlich seines 70. Geburtstags im vergangenen Dezember bekannte: „Ich wollte verstehen, wie das Gehirn arbeitet, und ich dachte, der beste vorwärts weisende Weg wäre es, Computer zu verwenden, um verschiedene Theorien zu testen und herauszufinden, welche Theorien wirklich funktionieren."

Wenn aber wichtige grundlegende Gedankengänge, die hinter den derzeit angesagten KI-Methoden stehen, schon so alt sind, wieso dauerte es dann noch viele Jahre, bis ein Durchbruch erreicht war, der sich so breit auswirkt wie das gegenwärtig der Fall ist? Die Antwort darauf lautete ganz wesentlich: Weil die Technik noch nicht soweit war. Gemeint sind damit leistungsfähige Rechner und große Datenmengen. Software, Hardware, Datenmenge – ein wichtiger Dreiklang, der übrigens nicht bloß für die Künstliche Intelligenz gilt, sondern für die Computerwissenschaft insgesamt.

Und was ist so ein künstliches neuronales Netz nun eigentlich genau und wie funktioniert es? An dieser Stelle soll die dahinterstehende Mathematik wenigstens einmal kurz angesprochen werden. Und zwar ausgehend von den Elementen, aus denen ein künstliches neuronales Netz besteht, den künstlichen Neuronen. So ein künstliches Neuron ist im Grunde erst einmal nichts weiter als eine bestimmte Menge an in Maschinensprache übersetzter mathematischer Gleichungen und Rechenvorschriften. Sie zusammen repräsentieren dann jenen Prozess, den wir unseren menschlichen Gehirnzellen unterstellen.

Dann wird das künstliche Neuron mit Eingabedaten konfrontiert, was konkrete Zahlen wie zum Beispiel das Alter, die Größe oder das Gewicht eines Menschen sein können, oder mit qualitativen Merkmalen wie etwa Geschlecht, Haarfarbe oder „Brillenträger". Das künstliche Neuron nimmt diese Eingabedaten alle auf, gewichtet sie und addiert diese zusammen, woraus sich ein einzelner Wert ergibt. Wenn dieser aufsummierte Wert eine bestimmte Schwelle überschreitet, feuert das einzelne Neuron – das Signal wird an ein anderes Neuron weitergeleitet und der Prozess beginnt von vorne. Diese Rechenvorschrift wird während jedes Verarbeitungsschrittes gleich ausgeführt. „Ein Neuron im Kontext des maschinellen Lernens ist nichts Mysteriöses oder Komplexes, es ist einfach eine Reihe simpler Formeln", beschreibt das etwa der britische Informatiker Steven Finlay.

Nun besteht so ein modernes tiefes künstliches neuronales Netz aus vielen künstlichen Neuronen, die mittlerweile in unzähligen Schichten über und untereinander angeordnet sind. Die Neuronen sind miteinander verbunden und reagieren aufeinander. Der Unterschied zwischen den einzelnen Neuronen liegt in ihrer Gewichtung der Eingaben und macht so jedes Neuron innerhalb des Netzwerkes einzigartig. Manchmal verläuft der Rechenprozess nur in eine Richtung, manchmal werden Werte zurückgereicht an vorgelagerte Schichten und dann wieder nach vorne. Für verschiedene Strukturen und Verfahrensweisen gibt es nun besondere Bezeichnungen, die sich als englische Begriffe weltweit etabliert haben. Sie heißen zum Beispiel Convolutional Neural Nets (CNN) oder Recurrent Neural Nets (RNN). Im Kern geht es aber immer darum, welche Arten von Verbindungen und Strukturen mit welchen Daten verarbeitet werden. So lernt ein künstliches neuronales Netz zum Beispiel durch das Konfrontieren mit unzähligen Katzenbildern, eine Katze von anderen Tierarten zu unterscheiden.

Der besondere Kniff dabei sind die optimalen Gewichte jedes einzelnen Neurons. Sie stehen eben nicht von vorneherein fest, sondern werden zunächst willkürlich zugeteilt und ergeben sich dann durch das „Training" der Netzwerke mit vielen Beispielen und mithilfe bestimmter Lerntechniken. Klar wird daraus einmal mehr, wie wichtig große Datenmengen und Rechenleistung sind, wenn unzählige künstliche Neuronen miteinander interagieren. Das soll uns genügen, um genügend Intuition für die mathematischen Strukturen bekommen zu haben, um die es geht, wenn von modernen KI-Methoden die Rede ist – Methoden, die tatsächlich gar nicht so neu sind wie sie scheinen, wie wir gesehen haben.

Spektakuläre Computersiege über Menschen

Künstliche Intelligenz (KI) ist mitunter schwer greifbar. Der Fortschritt häufig noch viel weniger, zumal wenn er sich im Kreise und auf Ebene der Wissenschaftler vollzieht – im Gegensatz zu bekannten Sportlern, Schauspielern oder Politikern werden die führenden KI-Köpfe auf der Straße nicht erkannt, sie sind keine weltbekannten Stars. Anschaulich für eine breitere Öffentlichkeit wird das Voranschreiten schlauer Rechner regelmäßig dann, wenn ein Computerprogramm in einem bekannten Spiel die besten menschlichen Spieler schlägt. Erhellend sind diese Leistungen nicht nur mit Blick auf die Schwierigkeit des Spieles, sondern auch auf die Reaktionen der Besiegten oder der Erschaffer der jeweiligen schlauen Computerprogramme.

Nach wie vor am stärksten im Gedächtnis verankert sein dürfte der Wettkampf des Computers Deep Blue gegen den damaligen langjährigen Schachweltmeister Garri Kasparow im Jahr 1997. Der Computer gewann bekanntermaßen, was auf der ganzen Welt Aufmerksamkeit fand und das aus mehreren Gründen: Einmal steht Schach im Grunde wie kein anderes Spiel als Symbol für Intelligenz. Wer mit Schachmotiven wirbt, will aufmerksam machen darauf, dass hier Kluges geboten wird, Köpfchen gefragt ist; jeder kennt das Spiel, nicht jeder kann es. Hinzu kommt die polarisierende Person des damaligen Champions Kasparow, der weit über das Schach hinaus bekannt war nicht nur durch seine politisch angehauchten WM-Duelle gegen den Erzrivalen Anatoli Karpow.

Kasparow präsentierte sich stets äußerst selbstbewusst – und ließ auch starke Gegner wissen, dass sie keinen Geringeren als den nach einhelliger Auffassung zum damaligen Zeitpunkt besten Schachspieler aller Zeiten vor sich hatten. Und dann verlor gerade er gegen eine Maschine! Ein Drama. Wie sehr ihn diese Niederlage offenkundig nachhaltig getroffen hat, deutet Kasparow bis heute immer wieder an. Auf Vorträgen weist er gerne darauf hin, dass der Computer Deep Blue eigentlich doch recht dumm sei – er könne ja zum Beispiel nicht einmal die Uhrzeit auf Nachfrage sagen, was sogar sein Wecker kann. Und er beschäftigt sich mittlerweile selbst viel mit Künstlicher Intelligenz und hat darüber unlängst sogar unter dem Titel „Deep Thinking" ein eigenes Buch veröffentlicht.

Komplizierter als Schach ist das traditionsreiche chinesische Brettspiel Go. In diesem Spiel gibt es mehr mögliche Spielstellungen als Atome im bekannten Universum. Spielzüge hier wirklich „auszurechnen" bis zum Spielschluss ist nicht möglich, vielfach ist das gefragt, was wir Intuition nennen. Mitarbeiter der KI-Unternehmung Deepmind haben bereits mehrmals durch Computerprogramme auf sich aufmerksam gemacht, welche die besten menschlichen Go-Spieler bezwangen. Einer von ihnen, der Chinese Ke Jie, räumte nach seiner Niederlage freimütig ein, dass der Rechner ja vor einem Jahr noch wie ein Mensch gespielt habe, diesmal hingegen „wie ein Gott". Besonders beeindruckte die Fachleute dabei auch, dass das Programm namens AlphaGo in seinen Wettkämpfen gegen menschliche Kontrahenten an einer Stelle einen sensationellen Zug spielte, der den etablierten Spielprinzipien zuwiderlief – und dass der Computer dies auch selbst „wusste".

Die Forscher von Deepmind beließen es nicht dabei. Sie stellten eine weitere Programmvariante vor, die sich Go wesentlich selbst aneignete. Sie zeigten „AlphaGo-Zero" nicht mehr Tausende Partien menschlicher Profis gegeneinander, sondern erklärten schlicht die Spielregeln. Von da an spielte das Programm gegen sich selbst und brachte sich innerhalb weniger Tage damit auf ein Spielniveau, welches das vorangegangene Programm in den Schatten stellte – nach nur drei Tagen lernen. Im Dezember sind sie dann noch einen Schritt weiter vorangekommen: Eigenen Angaben zufolge haben sie ein schlaues Computerprogramm kreiert, das sie schlicht

„Alpha Zero" nennen, und das nicht nur in einem, sondern in drei Brettspielen zugleich herausragende Fähigkeiten erlangt hat – und in Duellen die jeweils besten bisher existierenden Computerprogramme schlug. „Wir haben unseren Ansatz verallgemeinert in einen einzelnen Algorithmus, der übermenschliche Leistungen in vielen herausfordernden Gebieten erreicht", schreiben die Deepmind-Mitarbeiter in einem Arbeitspapier, das sie auf der Internetseite Arxiv.org veröffentlicht haben. Demnach hat sich die Software innerhalb von nur 24 Stunden so viel Wissen und Können angeeignet, dass sie in allen drei Spielen die führenden Computerprogramme ausstach, im Schach dauerte es demzufolge nur vier Stunden. Das Ergebnis – zumal im Schach – ist eindeutig ausgefallen. „Alpha Zero" spielte gegen das führende und von Spitzenspielern vielfach verwendete Programm Stockfish – von den hundert gespielten Partien gewann „Alpha Zero" 28, Remis endeten 72, Niederlagen musste die neue Software keine einzige einstecken. In den beiden anderen Spielen Go und der japanischen Schachvariante Shogi waren die Ergebnisse knapper.

Zugleich scheint auch die jeweilige unterstützende Computer-Rechenleistung der Kontrahenten ähnlich gewesen zu sein, zumindest während der Spielphase. Insgesamt hat Deepmind aber mit der eingesetzten Hardware aufgerüstet: Die Vorgängerversion „AlphaGo Zero" haben die Mitarbeiter den Angaben im Arbeitspapier zufolge noch mit sogenannten GPU-Prozessoren angelernt und spielen lassen. Diesmal verwendeten sie eigens von Google konstruierte TPUs, das steht für Tensor Processing Unit und knüpft namentlich an die im Internet frei zugängliche KI-Plattform Tensorflow an, die Google aufgebaut hat und betreibt. Die TPUs sind extra dafür gemacht, die im Rahmen von maschinellem Lernen oder Künstlicher Intelligenz nötigen Rechenschritte besonders schnell durchführen zu können. Die technische Seite ist in solchen Wettstreits und in der Künstlichen Intelligenz insgesamt nie zu vernachlässigen.

Demis Hassabis, der selbst Schach spielt und Deepmind mitgründete, hob schon infolge der Vorstellung der Version „AlphaGo Zero" hervor, dass sie so stark spiele, weil sie „nicht länger eingeschränkt ist durch die Grenzen des menschlichen Wissens". Diese Wortwahl spricht für sich. Sie ist auch insofern bezeichnend, weil das Programm AlphaZero zwar keine „Superintelligenz" ist, aber durchaus in die Debatte darüber passt. Da geht es nämlich, wie wir später noch diskutieren werden, zum Beispiel um hochspekulative Fragen wie diejenige, was denn passierte, wenn Maschinen sich selbst weiterentwickeln können in einer Art künstlichen Evolution. Die Deepmind-Mitarbeiter haben für ihre Computerprogramme nicht bloß spielerische Anwendungen im Blick. Sie arbeiten beispielsweise im Vereinigten Königreich im Gesundheitsbereich mit Krankenhäusern zusammen, oder sie wollen die Energieversorgung optimieren – in den Rechenzentren von Google ist ihnen dies nach Angaben des Unternehmens bereits gelungen.

Den Erfolg in den Brettspielen schränkt etwas ein, dass sie über spezielle Eigenschaften verfügen, die von den gerade angesagten KI-Methoden tendenziell gut bewältigt werden können: Jeder Spieler sieht zu jeder Zeit das komplette Spielfeld, ihm fehlen in dieser Hinsicht keine Informationen. Zudem sind die Spielregeln bekannt und ändern sich nicht. Drittens ist die Zahl der möglichen Züge jeweils abzählbar und endlich. Darauf hat beispielsweise Andrej Karpathy hingewiesen, der sich um das Thema Künstliche Intelligenz für den Elektroautohersteller Tesla kümmert. Aber auch er betonte schlussendlich die Leistung der Forscher und sagt mit Blick auf die Google-Mutterholding: „Alphabet schließt eine große Wette auf KI ab, und es ist eine sichere." Er selbst dürfte sehr gut informiert sein – bevor er für Tesla arbeitete, forschte er für Elon Musks KI-Projekt „Open AI" und davor war er Mitarbeiter von Deepmind.

Ein Computerprogramm, dass in Spielen mit „unvollständigen Informationen" Weltspitze erreicht, gibt es übrigens ebenfalls schon: In einem Spielkasino in der amerikanischen Stadt Pittsburgh hatte ein schlaues Computerprogramm im Januar des vergangenen Jahres vier der besten Pokerspieler der Welt geschlagen in der beliebten Poker-Variante Texas Hold'em. Beinahe drei Wochen hatten sich die Pokerprofis jeweils viele Stunden am Tag mit der Software namens „Libratus" gemessen, Chips gesetzt, ihre Strategien analysiert – und dann verloren. Auch in diesem Fall verriet die offene Auskunft der Spieler viel über die Bedeutung der Computerleistung. Der damals 28 Jahre alte amerikanisch-koreanische Pokerspieler Dong Kim sagte während des Wettstreits beispielsweise: „Es fühlte sich an, als ob ich gegen jemanden spielen würde, der betrügt, so, als ob er meine Karten sehen könnte." Der Pokerprofi Jason Les sagte damals: „Es ist eine wirklich andere emotionale Erfahrung, wenn du nicht gewohnt bist, so oft zu verlieren."

Tuomas Sandholm, Computerwissenschaftler an der Carnegie Mellon University, und sein Doktorand Noam Brown entwickelten „Libratus". Dieser Software gelang es besser als der Vorgängerversion, unvollkommene oder irreführende Informationen wie einen „Bluff" korrekt zu interpretieren. „Wir erklärten Libratus nicht, wie man Poker spielt. Wir statteten es mit den Regeln aus und sagten dann: ‚Bring es dir selbst bei'", kommentierte Brown nach dem Wettkampf. Der Computer habe dann Milliarden Hände (eine Hand ist ein Spiel) gespielt und daraus gewinnbringende Strategien abgeleitet. Brown gab zu, so etwas wie „elterliche Gefühle" gehabt zu haben während der Auseinandersetzung mit den menschlichen Pokerprofis. „Als ich es (das Programm) Bluffen gesehen habe, fühlte ich mich wie: ‚Ich habe ihm das nicht gesagt. Ich hatte nicht einmal die Idee, dass es dazu überhaupt fähig ist.'"

Der Vollständigkeit halber wollen wir schlussendlich noch einen weiteren Computersieg nicht unerwähnt lassen: Im Jahr 2011 bezwang der IBM-Rechner Watson menschliche Profis im beliebten Quizformat Jeopardy – das ist nochmal anders gelagert als Schach, Go oder Poker.

Was ist eigentlich Intelligenz?

Wer die Gespräche über Künstliche Intelligenz mitverfolgt, stößt immer wieder auf einen grundsätzlichen und irgendwie unauflöslichen Streit. Er dreht sich um Fragen wie: Sind die Computer heute denn überhaupt schon intelligent? Können sie wirklich denken oder rechnen sie bloß? Der wesentliche Grund für die fortdauernde Konfusion besteht darin, dass es keine einheitliche und allgemein akzeptierte Definition dessen gibt, was Intelligenz eigentlich ist. Ist beispielsweise intelligent, wer in einem IQ-Test gut abschneidet?

Eine zweite Schwierigkeit betrifft das Wort „künstlich", das so unschuldig wirkt, aber ebenfalls keinen ganz konkreten Gehalt hat. Wie schwierig das ist, zeigt sich daran, wie Fachleute sich dem nähern. Der amerikanische Tech-Unternehmer Jerry Kaplan erklärt etwa: „Die Essenz von Intelligenz ist die Fähigkeit, zügig probate Verallgemeinerungen zu treffen auf Basis begrenzter Daten." Der griechische Schriftsteller Nikos Kazantzakis wiederum schrieb einmal: „Was für eine seltsame Maschine ist der Mensch. Man füllt ihn mit Brot, Wein, Fisch und Rettich, und heraus kommen Seufzer, Gelächter und Träume." Und der Mathematiker John McCarthy, der die KI-Gründungskonferenz in Dartmouth organisierte, hat die Aufgabe der Künstliche-Intelligenz-Fachleute einmal skizziert als das „Erschaffen einer Maschine, die sich so verhält, dass man dies intelligent nennen würde, wenn ein Mensch sich so verhielte". Auch ein Blick in den Duden hilft schließlich nicht wesentlich weiter. Dort ist Intelligenz erklärt als „Fähigkeit (des Menschen), abstrakt und vernünftig zu denken und zweckvolles Handeln abzuleiten". Was vernünftig und zweckvoll ist, darüber lässt sich natürlich ebenso trefflich streiten wie darüber, was Intelligenz genau sein mag. Der Duden eröffnet in seiner breiten Auslegung indes immerhin die Möglichkeit, dass nicht nur Menschen intelligent sein können. So sieht das auch der amerikanische Informatiker Nils Nilsson, der seit den fünfziger Jahren über Künstliche Intelligenz forscht. In seiner geschichtlichen Nachzeichnung der KI beschreibt er Intelligenz als „die Qualität, die eine Einheit befähigt, adäquat und mit Voraussicht in ihrer Umgebung“ zu funktionieren. „Nach dieser Definition sind viele Dinge – Menschen, Tiere, manche Maschinen – intelligent.“

Eine gute Begrifflichkeit für das Dilemma dieses Diskurses fand wiederum der im Jahr 2016 verstorbene KI-Vordenker Marvin Minsky. Er bezeichnete Intelligenz (und auch Denken) als „Kofferwörter“, in die jeder hineinsteckt, was er möchte. „Wörter, in die wir viele Dinge packen, so dass wir abgekürzt über komplexe Fragen sprechen können“, wie der Informatiker Rodney Brooks schreibt, der zehn Jahre lang Direktor des renommierten KI-Forschungslabors am MIT in Boston war. Er selbst trifft dann seinerseits eine eigene Unterscheidung zwischen Performanz und Kompetenz und formuliert: „Die Kofferwörter werden verwendet, um sowohl spezifische Leistungsnachweise (Performanz) von Maschinen als auch die allgemeine Kompetenz von Menschen abzudecken.“ Seiner Ansicht nach unterläuft dabei ein Kategorienfehler. Jedoch lässt sich darüber ebenfalls munter debattieren.

Aber auch dieser Ansatz zeigt schlussendlich nur, dass durch zusehends schlauere Computerprogramme offenkundig zusätzliche philosophische Probleme aufgeworfen werden. Für die entscheidende Frage, wie sich diese Technologie wohl auf jeden einzelnen und die Gesellschaft insgesamt auswirken wird, scheinen sie zumindest zum gegenwärtigen Zeitpunkt eher nebensächlich. Gleiches gilt übrigens für damit verwandte Diskussionen darüber, ob eine Maschine fühlen, über ein (Selbst-)Bewusstsein verfügen oder einen eigenen Geschmack ausbilden können wird – sie mögen intellektuell erhellend sein, sind aber nicht außerordentlich relevant momentan. „Wenn Sie von einem fahrerlosen Auto über den Haufen gefahren werden, wird es für Sie keine Rolle spielen, ob es sich subjektiv bewusstseinsfähig fühlt“, kommentiert der Physiker Max Tegmark pointiert in seinem Buch „Leben 3.0 – Mensch sein im Zeitalter Künstlicher Intelligenz". Gleiches gilt seiner Ansicht nach für die Frage, ob Maschinen böse sein könnten; auch in diesem Fall wäre ja nicht Bosheit das Problem, sondern Kompetenz.

In diesem Buch nehmen wir eine ähnliche Haltung ein: Wir wollen aufzeigen, was schlaue Computerprogramme heute schon können und was sie wohl in den kommenden Jahrzehnten absehbar können werden. Und wie sich das konkret mit den korrespondierenden menschlichen Fertigkeiten vergleicht. Darum wollen wir als brauchbare, wenn auch ebenfalls allgemein gehaltene Beschreibung diejenige des britischen Informatikers Steven Finlay anführen. Er definiert Künstliche Intelligenz schlicht als „Replikation menschlicher analytischer Fähigkeiten und menschlicher Fähigkeiten, Entscheidungen zu treffen."

Stellt Künstliche Intelligenz die Wirtschaft auf den Kopf?

Der KI-Experte Andrew Ng vergleicht das Voranschreiten Künstlicher Intelligenz gerne mit der Elektrizität. So wie elektrischer Strom vor hundert Jahren Wirtschaft und Gesellschaft grundlegend verändert habe, werde das die Künstliche Intelligenz in den kommenden Jahren und Jahrzehnten tun. Aus der Perspektive der Wirtschaftsforscher ist Künstliche Intelligenz denn auch zunächst einmal genau das: Eine Technologie, die enormes Potential besitzt, bestimmte Arbeitsschritte zu automatisieren, zu beschleunigen, effizienter zu machen. Da unterscheidet sich die Künstliche Intelligenz erst einmal auch nicht vom technischen Fortschritt insgesamt. Sicher ist, dass bestimmte Berufsbilder dadurch wegfallen werden, während ganz neue entstehen. Häufig dürften schlaue Computerprogramme auch Menschen schlicht und einfach unterstützen und sie so produktiver machen und zumindest theoretisch auch in die Lage versetzen, mehr Geld zu verdienen. „Künstliche Intelligenz wird die menschliche Intelligenz erweitern, nicht ersetzen“, sagt beispielsweise Yann LeCun voraus, einer der Pioniere des Feldes und seit einigen Jahren KI-Forschungschef des sozialen Netzwerks Facebook (ein Gespräch mit ihm finden Sie in diesem Buch). Und er fügt hinzu: „Technischer Fortschritt hatte immer die Effekte, erstens den Wohlstand insgesamt zu vergrößern, zweitens neue Arbeitsplätze zu schaffen, drittens einige Berufe überflüssig zu machen.“

Die wirklich spannende Frage lautet nun allerdings: Wer wird denn konkret diesmal davon betroffen sein? Denn im Unterschied etwa zur Industriellen Revolution geht es diesmal nicht darum, dass Maschinen mit menschlicher Muskelkraft konkurrieren und sie ausstechen, sondern viel mehr um geistige Fähigkeiten, um hochspezialisiertes Fachwissen. Zum Beispiel um Krebsdiagnosen und Therapievorschläge, Schadensschätzungen in Versicherungsunternehmen, Unternehmensanalyse in Banken. Sehr viele Schätzungen und Überschlagsrechnungen gibt es bereits, manche sind sehr düster, andere optimistischer. Erhellend ist immer auch, wer gerade darüber spricht und sich sorgt.

Die Fachleute des Internationalen Währungsfonds etwa tun dies, und weder der Fonds noch seine Mitarbeiter sind für abstruses Herumspekulieren bekannt oder durch phantastische Prognosen aufgefallen bislang – da herrscht ein ziemlich nüchterner, zahlengetriebener Wirtschaftsforschertonfall. Umso mehr erregte die IWF-Direktorin Christine Lagarde im vergangenen Jahr während einer Feierstunde der altehrwürdigen britischen Notenbank Aufsehen, als sie in ihrer Rede einfach mal diese beiden Fragen aufwarf: „Wird unser Gouverneur im Jahr 2040 (nur) in die Bank gehen, um eine Geldpolitik-Maschine zu polieren? Und wird deine Vorhersage, Andy, dass 15 Millionen Arbeitsplätze im Vereinigten Königreich automatisiert werden, auch die Notenbank und ihre Weltklasse-Mitarbeiterschaft betreffen?“ Andy Haldane ist der Chefvolkswirt der Bank of England und hörte die Rede der IWF-Chefin an – die Zahl 15 Millionen ist keine Kleinigkeit gemessen an der Gesamtbevölkerung von ungefähr 65 Millionen Menschen in Britannien, worunter ja auch Kinder und Rentner sind.

Dass Lagarde den möglichen Einfluss Künstlicher Intelligenz auf die Geldpolitik besonders herausstellte, lag natürlich am Jubiläum der britischen Notenbank. Allerdings veranschaulicht das Beispiel auch davon unabhängig, warum ein Bereich, der als hochqualifizierte Arbeit gilt, durch die modernen KI-Methoden durchgerüttelt werden könnte. In den Zentralbanken stehen heute mehr Computer als vor fünfzig Jahren, spielen große Datenmengen, Statistik, Mathematik und fortschrittliche ökonomische Modelle naturgemäß eine wichtigere Rolle – wie sollte es auch anders sein? Darüber hinaus, und in diesem Zusammenhang maßgeblicher, ist indes eine wichtige Eigenschaft, welche die Geldpolitik von anderen Politikfeldern unterscheidet: Sie läuft seit Jahrzehnten und durch mehrere kleinere und größere Finanzkrisen hindurch ziemlich mechanisch und regelorientiert ab. Das zeigten zuletzt übrigens auch die infolge der jüngsten Finanzkrise angewendeten Maßnahmen wie umfangreiche Wertpapierkäufe oder Zinsen sogar im negativen Bereich – sie stehen für eine Lockerung der Geldpolitik, die eine Notenbank stets dann einleitet, wenn die Wirtschaftsentwicklung sich verlangsamt oder einbricht und je nach Schwere durchführt. Gewaltige Datenmengen und eine Entscheidungs- und Zielstruktur, die sich mathematisch eher einfach darstellen lässt – beides zusammen ist eine gute Voraussetzung dafür, dass hier schlaue Computerprogramme künftig Teile der Arbeit übernehmen, wenn nicht mehr.

„Eine Sache ist klar“, sagte Lagarde während ihrer Rede ebenfalls: „Wir haben immer mehr Daten. Einigen Schätzungen zufolge sind 90 Prozent der derzeit verfügbaren Daten alleine in den vergangenen zwei Jahren entstanden. Und das sind nicht einfach Informationen über Wirtschaftskraft, Arbeitslosigkeit und Preise, sondern ebenso Verhaltensdaten über die Eigenheiten und Irrationalitäten des Homo Economicus.“ Durch Smartphones und Internet seien diese Daten nun „reichlich vorhanden, allgegenwärtig und zunehmend wertvoll, wenn wir sie mit Künstlicher Intelligenz verbinden“. „Natürlich“, fügte sie hinzu, „ist die Volkswirtschaft weitaus komplexer als ein Go-Spiel. Aber innerhalb der nächsten Generation werden Maschinen nahezu sicher eine größere Rolle spielen – darin, politischen Entscheidern zu assistieren, Vorhersagen in Echtzeit anzubieten, Blasen zu erkennen und komplexe makro-finanzielle Verbindungen aufzudecken.“

Eine Notenbank ganz ohne Menschen, das konnte sich wiederum auch die IWF-Chefin beim besten Willen nicht vorstellen. „Einerseits gibt es eine große Unsicherheit über die Wirtschaft – Veränderungen grundlegender ökonomischer Beziehungen müssen erkannt und entsprechende Risiken eingeschätzt werden. Beurteilung, kontinuierliches Hinterfragen, Vielfalt der Meinungen und sogar ein paar außergewöhnliche Eigenschaften werden für eine gute Geldpolitik essentiell bleiben", so Lagarde. Sie fragte aber hinterher: „Aber was, wenn Maschinen auch das tun könnten?" Menschen würden außerdem gebraucht für die Kommunikation mit der Öffentlichkeit, mit den Wirtschaftsakteuren, das sei für eine erfolgreiche Geldpolitik wichtig, um effektiv zu sein. „Politik ist effektiv, wenn sie klar erklärt werden kann, damit sich die Öffentlichkeit Erwartungen über die künftige Politik bilden kann. Können Maschinen ihre Entscheidungen wirklich in klarem Englisch erklären?"

Und selbst wenn diese Hürde genommen werde, auch mit den elaboriertesten Algorithmen und Computern würden Ziele verfehlt und Krisen passieren. „Aber können Computer wirklich verantwortlich gemacht werden – von einem jungen Paar, das sich kein Haus kaufen kann, gegenüber der arbeitenden Mutter, die plötzlich ihre Stelle verliert?" Deswegen, so schlussfolgerte die Währungsfonds-Chefin, „sehe ich nicht, dass Computer die Geldpolitik übernehmen werden". Im Jahr 2040 werde der britische Notenbank-Gouverneur immer noch aus „Fleisch und Knochen" bestehen und hinter der Eingangstür Menschen vorfinden. „Wenigstens ein paar." Soweit zu diesem Beispiel, das übrigens noch in einer anderen Hinsicht erhellend ist: Wenn es um durch Maschinen bedrohte menschliche Arbeitsplätze geht, steht gedanklich nicht der menschenähnliche Roboter im Hintergrund, der statt eines Menschen dann täglich ins Büro kommt, sondern intelligente Maschinen in einem viel umfassenderen Sinn.

Wie schon gesagt, hat es in den vergangenen Jahren immer wieder Schätzungen dazu gegeben, welche und wie viele Arbeitsplätze durch schlaue Computerprogramme wegfallen oder entstehen könnten. Vor allem eine Untersuchung gelangte allerdings ziemlich groß in die Schlagzeilen und macht nach wie vor gelegentlich die Runde. Unternommen haben sie der Ökonom Carl Benedikt Frey und der Informatiker Michael Osborne, beide sind Forscher an der Universität Oxford, im Jahr 2013, eine Fachzeitschrift veröffentlichte sie indes erst im Jahr 2017. Darin haben sie einen Teil der etwas mehr als 700 Berufskategorien, welche das amerikanische Arbeitsministerium statistisch katalogisiert, analysiert unter der Frage: Wie hoch ist die Wahrscheinlichkeit, dass Maschinen mittelfristig diese Berufe ausüben werden und nicht mehr Menschen?

Ihre daraus abgeleitete auf das gesamte Berufsspektrum übertragene Prognose für die Vereinigten Staaten lautet: 47 Prozent, also beinahe die Hälfte der derzeit existierenden Stellen, seien einem hohen Risiko ausgesetzt, automatisiert zu werden; für weitere 19 Prozent gelte ein mittleres Risiko. Das klingt dramatisch und wäre es auch, wenn es so käme – kein Wunder also, dass die Vorhersage ein breites mediales Echo fand. Tatsächlich weisen aber auch die beiden Forscher darauf hin, dass es sich um eine Schätzung handelt, die auf Basis beispielsweise von Gesprächen mit Fachleuten entstand. Dahinter steckt nicht so etwas wie ein mathematischer Beweis.

Und das sagt freilich auch noch nichts darüber, wie viele neue Arbeitsplätze womöglich entstehen und demgegenüber stehen werden. Die Fachleute des auf Informationstechnik spezialisierten Analysehauses Gartner sagen zum Beispiel voraus, dass im Jahr 2020 durch Künstliche Intelligenz mehr Stellen entstehen als wegfallen werden – 2,3 Millionen Jobs entstünden und 1,8 Millionen entfielen. Dieser Saldo werde sogar weiter wachsen und im Jahr 2025 die Zwei-Millionen-Marke erreichen, der Gartner-Prognose zufolge entstehen dann also zwei Millionen Arbeitsplätze mehr durch Künstliche Intelligenz als wegfallen. „Unglücklicherweise verwechseln die meisten Warnungen vor Arbeitsplatzverlusten KI mit Automatisierung“, sagt Gartner-Expertin Svetlana Sicular, und sie fügt dem hinzu: „Das überschattet den größten Nutzen durch

Künstliche Intelligenz – die Kombination von Menschen und KI, in der sich beide ergänzen."

Neben den reinen Zahlen schwingen in der Diskussion über die Folgen für den Arbeitsmarkt immer auch Verteilungsfragen mit. Wer verdient an Künstlicher Intelligenz, wer leidet besonders? Wie immer wird technischer Fortschritt mutmaßlich auch in diesem Fall ermöglichen, alle Gesellschaftsmitglieder wohlhabender zu machen – zumindest theoretisch. Praktisch wird es aber Gewinner und Verlierer geben, die dahinter wirkenden Mechanismen sind ähnlich denen der wirtschaftlichen Globalisierung. Deshalb tauchen auch in dieser auf die Folgen von Künstlicher Intelligenz fokussierten Debatte verschiedene Vorschläge auf. Zum Beispiel ein bedingungsloses Grundeinkommen in welcher Form auch immer oder eine möglichst breite Verteilung des Eigentums an schlauen Maschinen. Übrigens warnen nicht nur (außenstehende) Ökonomen und Soziologen vor Konflikten infolge dieser technischen Weiterentwicklung, teilweise bringen sich auch Internetunternehmer selbst ein wie Facebook-Gründer Mark Zuckerberg oder Microsoft-Gründer Bill Gates.

Mit einer besonders alarmierenden Vorhersage machte wiederum der chinesische Tech-Unternehmer Jack Ma auf sich aufmerksam, der mit Alibaba einen der mittlerweile drei großen chinesischen Internetkonzerne von Weltrang aufbaute: Auf Sicht der kommenden 30 Jahre hält er es für möglich, dass sich die tägliche Arbeitszeit im Schnitt auf vier Stunden am Tag verringert und auf vier Tage in der Woche, sagte er in einem Interview mit dem amerikanischen Finanzsender CNBC. Viele Arbeitsplätze werden wegfallen, zeigte auch er sich überzeugt. Diejenigen, die mithalten könnten, „werden reich, werden erfolgreich" sein. Denjenigen, die dadurch zurückgelassen werden, sagte Ma, der Lehrer war bevor er Unternehmer wurde, eine „schmerzhafte" Zeit voraus. Davon ausgehend zeichnete er auch ein sehr düsteres Szenario für den Fall, dass sich die

Gesellschaften nicht rechtzeitig darauf einstellen. „Diese technologische Revolution könnte den dritten Weltkrieg auslösen." Das ist freilich eine extreme Mahnung in der Debatte, wir wollen sie aber nicht vorenthalten.

Schließlich ist ein Punkt noch wichtig, wenn es um den Einfluss der Künstlichen Intelligenz auf dem Arbeitsmarkt geht: die Geschwindigkeit des Wandels. Verläuft dieser Prozess sehr schnell, werden die Umwälzungen umso gravierender ausfallen und sehr anspruchsvoll sein für diejenigen, die entscheiden müssen, ob und wie sie das abmildern wollen. Auf lange Sicht, das lehrt indes die Geschichte ziemlich überzeugend, sind sie hingegen ein eher untergeordnetes Problem. Dass vor 150 Jahren in den westlichen Industrieländern noch sehr viele Menschen in der Landwirtschaft arbeiteten und heutzutage nahezu niemand mehr, das ist zum Beispiel im Grunde kein Thema. Vielmehr ist auch infolge dieses wirtschaftlichen Strukturwandels der Wohlstand jedes einzelnen langfristig deutlich gestiegen.

Wenn es um die Wirtschaftsleistung geht, dann sind die Fachleute übrigens ziemlich einhellig der Auffassung, dass die breitere Anwendung der Methoden der Künstlichen Intelligenz mehr Wachstum hervorbringen wird. Natürlich sind alle Hochrechnungen oder Prognosen auch in diesem Zusammenhang spekulativ und mit Vorsicht zu genießen, zumal wenn sie sich über einen wirklich längeren Zeitraum erstrecken. Als Beispiel sei hier allerdings einmal die Vorhersage der Fachleute der Unternehmensberatungsgesellschaft PWC angeführt: Sie sagen für das Jahr 2030 ein um umgerechnet ungefähr 14 Billionen Euro höheres Welt-Bruttoinlandsprodukt voraus durch KI – die Größenordnung entspricht etwa dem Vierfachen der deutschen Wirtschaftsleistung.

Damit wollen wir es bewenden lassen mit den möglichen Auswirkungen der Künstlichen Intelligenz auf Arbeit, Arbeitszeit,

Wohlstandsverteilung und Wirtschaftswachstum. Die meisten Fachleute sind eher zuversichtlich und lassen sich gut hinter einer Einschätzung des Physikers Max Tegmark aufreihen, der uns in einem Interview sagte: „Ich bin optimistisch, dass wir der Menschheit helfen können zu florieren wie niemals zuvor durch fortschrittliche Künstliche Intelligenz. Aber das wird nicht automatisch passieren, wie etwa die Sonne morgen über Deutschland aufgehen wird – wir werden hart planen und arbeiten müssen, um sicherzustellen, dass wir diese mächtige Technologie weise verwenden.“ (Das komplette Gespräch finden Sie am Ende des Buches.)

Braucht es Regeln für Künstliche Intelligenz?

Elon Musk gegen Mark Zuckerberg – selten liefern sich berühmte Technologieunternehmer einen öffentlichen Schlagabtausch, in dem sie sogar ganz persönlich werden. Genau dazu kam es aber 2017 und es ging um Künstliche Intelligenz. Ist diese Technologie gefährlich und wenn ja, wie gefährlich ist sie? Elon Musk, Gründer des Elektroautoherstellers Tesla, warnt schon länger davor, möglichen Missbrauch zu vernachlässigen. Allerdings in einer teils durchaus sehr alarmierenden Art und Weise. In einem Gespräch mit amerikanischen Gouverneuren bezeichnete er Künstliche Intelligenz etwa als „größte Bedrohung, der wir als Zivilisation gegenüberstehen". Facebook-Gründer Zuckerberg meldete sich daraufhin zu Wort und bezog deutlich Stellung. „Wer gegen Künstliche Intelligenz argumentiert, argumentiert gegen sicherere Autos und gegen bessere Diagnosen für Kranke", sagte Zuckerberg und fügte hinzu: „Ich sehe einfach nicht, wie jemand guten Gewissens das tun kann." Mit „jemand" meinte er nach einhelliger Auffassung ganz konkret Elon Musk. Dieser wiederum, der eine eigene KI-Unternehmung namens Open AI auf den Weg gebracht hat, attestierte Zuckerberg daraufhin, über ein „begrenztes Verständnis" der Thematik zu verfügen.

Reza Zadeh, Gründer des KI-Unternehmens Matroid und Professor an der amerikanischen Universität Stanford, entgegnete Musk daraufhin: „Furcht vor KI ist vernünftig. Aber Regulierung zum jetzigen Zeitpunkt könnte das KI-Potential dämpfen, Krankheiten und Armut auszumerzen, was noch zu unserer Lebenszeit in Reichweite ist." Und er führt aus, Künstliche Intelligenz zu regulieren sei, als würde man Mathematik oder Chemie regulieren. Dabei warb er dafür, die Grundlagen von ihren Anwendungen zu unterscheiden und brachte ein Beispiel: „KI für sich genommen wird keine Gefahr für Menschen darstellen in der absehbaren Zukunft. KI kombiniert mit Waffen vielleicht. Deswegen reguliert Waffen und nicht KI." Das war eine von vielen Antworten, die

Musk über den Kurznachrichtendienst Twitter auf seine Aussage hin erhielt. Auf diese reagierte er sogar direkt und zwar so: „Das größte Hindernis, die Gefahren von KI zu erkennen, sind diejenigen, die von ihrer eigenen Intelligenz so überzeugt sind, dass sie sich nicht vorstellen können, dass irgendjemand Dinge tun kann, die sie nicht können."

Gerade autonome Waffen sind indes offenkundig ein Thema, um das sich tatsächlich auch viele der angesehensten KI-Forscher und -Unternehmer der ganzen Welt sorgen. In einem 2017 im Internet veröffentlichten Brief an die Vereinten Nationen warnten sie eindringlich davor, „tödliche autonome Waffen" – umgangssprachlich sind damit „Killer-Roboter" gemeint – zu entwickeln. Diese könnten eine „dritte Revolution der Kriegsführung" herbeiführen. „Einmal erfunden, könnten sie bewaffnete Konflikte erlauben in einem nie dagewesenen Ausmaß, und schneller, als Menschen sie begreifen können", schreiben die Fachleute.

Unter den Unterzeichnern sind Unternehmer wie Mustafa Suleyman, der Deepmind mitgründete. Darunter sind auch führende KI-Forscher wie Yoshua Bengio, der an der Universität Montreal lehrt, der in Kalifornien unterrichtende Informatikprofessor Stuart Russell und der deutsche KI-Experte Jürgen Schmidhuber. Alle vier sind bislang nicht dadurch aufgefallen, besonders alarmistisch zu sein, deswegen erscheinen die Warnungen umso eindringlicher. „Wenn die Menschen nicht neue Massenvernichtungswaffen sehen wollen – in der Form großer Schwärme tödlicher Mikrodronen – (...) ist es unabdingbar (...) einen Vertrag gegen tödliche autonome Waffen auf den Weg zu bringen", sagte Russell. Die Unterzeichner des Briefes kamen darüber hinaus aus der ganzen Welt, auch aus China und Indien. Und es war nicht der erste Brief dieser Art: Vor wenigen Jahren hatten ungefähr 1000 Wissenschaftler, darunter der verstorbene Physiker Stephen Hawking und der Informatiker und Apple-Mitgründer Steve Wozniak, ebenfalls dieses Anliegen vorgetragen.

Tatsächlich halten viele Fachleute schon für möglich, dass irgendeine Form der Regulierung für die Künstliche Intelligenz einmal angebracht sein könnte. Und dass es lohnt, sich Gedanken über die Sicherheit schlauer Computersysteme zu machen in mehrfacher Hinsicht: Dass diese Programme reibungslos funktionieren, nicht einfach geknackt werden können von Cyberkriminellen, nachvollziehbar sind gerade dann, wenn sie weitreichende „Entscheidungen" treffen können. Und dass zugleich die Interaktion zwischen Mensch und Maschine gelingt, was keine Selbstverständlichkeit ist. Die Frage dabei ist bloß, ob die Technologie wirklich schon weit genug fortgeschritten ist dafür, dass weiterreichende Einschränkungen in Forschung und praktischer Anwendung sinnvoll sind. „Einige Antworten auf Fragen, wie wir mit KI ethisch-regulatorisch umgehen sollten, werden wir tatsächlich erst beantworten können nach weiteren Fortschritten", sagt dazu der Google-Vorstandsvorsitzende Sundar Pichai.

Schließlich stellte auch Elon Musk klar, dass er auch nicht als purer Schwarzmaler missverstanden werden wolle. Es müsse einfach sichergestellt werden, dass der Nutzen von Künstlicher Intelligenz realisiert werde und „wir nicht etwas wirklich Dummes machen", sagte er anlässlich einer Geschäftsbilanz 2017. Einig sind sich alle im Grunde darin, dass auch hier eine gute Vorbereitung wichtig ist – etwa durch ausreichend Fachkompetenz, die versteht, was da passiert. Das gilt für die Wirtschaft wie für den Staat und frei nach dem Ausspruch des genialen Science-Fiction-Autoren Issac Asimov, der einmal schrieb: „Ich konnte mich nicht dazu bringen zu glauben, dass, wenn Wissen eine Gefahr darstellt, die Lösung Ignoranz ist."

Übernehmen Roboter die Welt? – Was Sie über die „Singularität" wissen müssen.

Alice und Bob gerieten sogar international in die Schlagzeilen. „Robo Stop – Übernehmen jetzt die Maschinen?", erschreckte die britische Boulevardzeitung „Sun" im Sommer 2017 ihre Multimillionen-Leserschaft auf der Titelseite. Kevin Warwick, einen Naturwissenschaftler, der sich mit der Verschmelzung von Mensch und Computer beschäftigt, ließ sie hernach zu Wort kommen mit der Aussage: „Das ist ein unglaublich wichtiger Meilenstein, aber jeder, der denkt, dass das ungefährlich ist, hat seinen Kopf in den Sand gesteckt." Grundlage des Artikels war ein Experiment der KI-Forschungsabteilung des sozialen Netzwerks Facebook. Die Fachleute hatten zwei Computerprogramme (Chatbots), Alice und Bob, miteinander verhandeln lassen. Während ihres Dialogs fingen diese spontan an, von der englischen Sprache abzuweichen in einer Weise, die Außenstehende nicht sinnvoll nachvollziehen können, die beiden Computerprogramme aber offenkundig schon. Die Forscher, so suggerierte nicht nur dieser prominente Bericht der „Sun", hätten daraufhin eine außer Kontrolle zu geraten drohende Künstliche Intelligenz abgeschaltet – um womöglich Schlimmes zu verhindern.

Wirklich bedrohlich war das jedoch nicht. Es stimmt, dass Facebook an Programmen arbeitet, die einmal über das verfügen sollen, was gemeinhin als „gesunder Menschenverstand" gilt. Das ist übrigens kein Geheimnis. Die Forscher hatten das Gespräch zwischen Alice und Bob allerdings nicht aus Sorge schnell beendet, sondern weil das Experiment nicht so verlief, wie sie sich das erhofft hatten. Sie hatten den beiden Programmen in der Versuchsstruktur schlicht und einfach nicht vorgegeben, sich strikt an die Grammatik der englischen Sprache zu halten. Das taten die Computer in diesem Fall dann auch tatsächlich nicht. Ein fehlgeschlagener Versuch also, wenn auch mit einem interessanten Ergebnis. Und übrigens nicht der erste Fall, in dem durch Einsatz der derzeit angesagten KI-Methoden Computer teils eigene Formen der Informationsweitergabe untereinander kreierten; das geschah ähnlich auch schon im Übersetzungsdienst des Suchmaschinenbetreibers Google. Ob Linguisten von einer eigenen Sprache sprechen würden, sei einmal dahingestellt. Unabhängig davon standen die beiden Chatbots Alice und Bob jedenfalls zu keinem Zeitpunkt kurz davor, die Herrschaft über die Menschheit an sich zu reißen, im Gegenteil. Überhaupt ist derzeit kein (bekannter) Computer auf dem Weg, dem menschlichen Gehirn in jeder Hinsicht zugleich überlegen zu werden.

Gleichwohl dreht sich eine Diskussion in der Künstlichen Intelligenz genau darum. Sie eignet sich momentan je nach persönlicher Perspektive hauptsächlich zum Träumen oder Gruseln und sie ist hochspekulativ und darum im Grunde nur schwer sinnvoll zu führen. Soll man sich das Verhältnis zwischen superintelligentem Computer und Mensch etwa vorstellen wie das zwischen Mensch und Affe? Hätte ein solches künstliches Superhirn den Wunsch, sich zu vermehren, Macht auszuüben, reich zu werden?

Die Debatte hat mittlerweile eine durchaus beachtliche Tradition. Im Zentrum steht vor allem ein Begriff, der sowohl eine technische als auch eine quasi-religiöse Schlagseite hat: die Singularität. Wer davon spricht, hat gewöhnlich ein Ereignis vor Augen, in dem die Technologie einen so großen Fortschritt macht, dass sie den Menschen überschreitet, sich im Grunde von menschlichem Zutun entkoppelt und sich von alleine weiterentwickelt. Wer heute davon spricht, der bezieht sich häufig auf den Science-Fiction-Autoren und mittlerweile emeritierten Mathematikprofessor Vernor Vinge. Dieser veröffentlichte im Jahr 1993 einen Aufsatz mit dem Titel „The Coming Technological Singularity: How to Survive in the Post-Human Era." Darin präsentiert Vinge gleich zu Beginn eine dramatische Prognose:

„Innerhalb von 30 Jahren werden wir die technologischen Mittel haben, um eine übermenschliche Intelligenz zu kreieren. Kurz danach wird die menschliche Ära enden." Vom Jahr 1993 aus betrachtet wäre das im Jahr 2023, also in fünf Jahren. Dahinter steht der folgende Gedankengang: Wenn Computer tatsächlich das menschliche Gehirn komplett ausstechen, dann werden sie wohl auch in der Lage sein, sich alleine schnell und unmittelbar zu verbessern – schneller, und das ist eine entscheidende Annahme, als die biologische Evolution verläuft, die ja weiterhin passiert, aber eben eher in Jahrhunderten und Jahrtausenden.

Tatsächlich war Vinge nicht der Erfinder der technologischen „Singularität", sie ist schon deutlich älter. Ganz ähnlich wie Vinge stellte sie sich der Mathematiker Irving J. Good in einem Aufsatz im Jahr 1965 vor mit dem Titel „Speculations Concerning the First Ultraintelligent Machine". Er beschrieb die dahinterstehende und zugegebenermaßen in sich schlüssige Logik erhellend in dieser Weise: „Lassen Sie uns eine ultraintelligente Maschine als eine Maschine definieren, die bei Weitem jegliche intellektuelle Aktivität eines beliebigen Menschen übersteigt, wie intelligent dieser auch sein mag. Da der Entwurf von Maschinen zu diesen intellektuellen Aktivitäten gehört, könnte eine ultraintelligente Maschine noch bessere Maschinen konstruieren. Dann gäbe es zweifellos eine ‚Intelligenzexplosion', welche die menschliche Intelligenz weit hinter sich ließe. Deshalb ist die erste ultraintelligente Maschine die letzte Erfindung, die der Mensch je machen muss, vorausgesetzt, die Maschine ist fügsam genug, um uns zu sagen, wie man sie unter Kontrolle behält." Noch frühere Verwendungen des Begriffes und des dahinterstehenden Konzeptes werden den beiden Mathematikern John von Neumann und Stanislaw Ulam zugeschrieben. Derzeit sind prominente Wissenschaftler, die darüber sprechen, zum Beispiel der Informatiker und Erfinder Ray Kurzweil oder der Philosoph Nick Bostrom.

Steht solch ein epochales Ereignis bevor? Gänzlich ausschließen kann das niemand im Sinne eines überzeugenden logisch-mathematischen Beweises. Die allermeisten Fachleute erwarten das weder auf Sicht der nächsten Jahre noch der kommenden Jahrzehnte. Erhellend und treffend ist das, was John Giannandrea dazu kommentiert, Googles ehemals verantwortlicher Manager für Künstliche Intelligenz. Diejenigen, die eine technologische Singularität im beschriebenen Sinne zeitnah in Aussicht stellen, sind auch tendenziell diejenigen, die wollen, dass das geschieht, sagt er. Und der amerikanische Philosoph Daniel Dennett urteilt in einem Aufsatz darüber: „Sie (die Singularität) trägt die Kennzeichen einer modernen Legende: eine gewisse wissenschaftliche Plausibilität, verknüpft mit einer Pointe, die einen köstlichen Schauer hervorruft."

Unabhängig davon ist die Diskussion über die Singularität für andere Fragen im Zusammenhang mit schon ziemlich klar absehbaren KI-Fortschritten ergiebig. Zum Beispiel in der Frage, ob ein schlauer Computer einen oder viele Menschen kontrollieren, wenigstens aber zu einer nachhaltigen Änderung seines Verhaltens veranlassen kann – was ja schon eine ganze Menge wäre. Da wird schnell klar, dass das keine in jeder Hinsicht überlegene Künstliche Intelligenz sein muss. Das kann auch ein Programm sein, dass besser Schach oder Go spielt als die besten menschlichen Spieler oder besser Krankheiten diagnostiziert als in vielen Jahren Ausbildung hochspezialisierte Fachärzte.

Und noch einen Begriff wollen wir in diesem Abschnitt einbringen, um der KI-Debatte folgen zu können: den der Allgemeinen Künstlichen Intelligenz. Damit meinen Fachleute schlaue Computerprogramme, die nicht nur in einer bestimmten Fähigkeit herausragen, sondern in mehreren zugleich. Nicht immer muss es da gleich darum gehen, überall auch übermenschliche Leistungen zu erbringen. Forschung darüber gibt es vielfach, auch die Abteilungen der großen Tech-Unternehmen stellen Mitarbeiter dafür ab. Unsere

Haltung dazu ist: Wir beobachten gespannt, was sie herausfinden, gehen aber – Stand jetzt – nicht davon aus, dass wir uns in unserem Leben ernsthaft mit einer echten „Superintelligenz“ werden auseinandersetzen müssen. Stattdessen soll das unsere Einführung in eine der spannendsten Entwicklungen dieses Jahrhunderts gewesen sein. Wir wollen mit diesem Rüstzeug im Gepäck nun eine Auswahl derjenigen Unternehmen und Personen kennenlernen, die momentan an neuen Ideen tüfteln im Bereich der Künstlichen Intelligenz und wie sie damit Geld verdienen wollen.

II. Unternehmen und ihre Ideen

Ein Gespräch mit dem Google-Chef

In der Lobby steht ein schwarzer Flügel. Kein Pianist sitzt daran, das Instrument spielt allein. Angenehme Hintergrundmusik, leicht, wie in einer Bar. Geschrieben, oder besser: ausgedacht, hat sie ein schlaues Computerprogramm. Mitarbeiter der auf Künstliche Intelligenz fokussierten Abteilung Google Brain haben es konzipiert. Das Projekt heißt Magenta. Das Ziel der Spezialisten ist es, beeindruckende Kunst und Musik kreieren zu lassen – von Computern. Die lernenden Algorithmen, die sie sich ausdenken, finden sich in der offen zugänglichen und von Google eingerichteten KI-Internet-Plattform Tensorflow. An der Theke neben dem Flügel gibt es Kaffee. Auf den Stufen der Treppe hinauf ins obere Stockwerk ziehen in verschiedenen Farben häufig verwendete Anfragen in Googles Suchmaschine vorüber.

Der Technologiekonzern Google hat Fortschritt in der Künstlichen Intelligenz zur Priorität gemacht, für seine Produkte wie für seine Forschung. Vorstandschef Sundar Pichai hat die Parole „AI First" (AI, Artificial Intelligence) ausgerufen für das Unternehmen, übersetzt heißt das „Künstliche Intelligenz zuerst". Er sitzt in einem Konferenzraum im Obergeschoss, an einem Tisch mit schlichten Stühlen und gewaltigem Flachbildschirm an der Wand. „Wir wollen den Zugang zu Künstlicher Intelligenz demokratisieren", sagt er, und fügt hinzu: „Ich könnte darüber nicht aufgeregter sein, es gibt so viele Möglichkeiten." Anzumerken ist ihm das meist nicht. Pichai, der aus Indien nach Amerika auswanderte, spricht ruhig, nachdenklich, analytisch, wirkt eher zurückhaltend. Er ist ein interessierter Techniker, kein wortgewaltiger Verkäufer. Schnell und ausdrücklich signalisiert er, dass er auch in diesem Fall an die positiven Wirkungen von Technologie glaubt. Daran, dass sie schlussendlich überwiegen werden. Viele neue Arbeitsplätze werde es geben, die es bislang nicht gibt. Pichai sagt voraus: „Künstliche Intelligenz wird es uns

Menschen ermöglichen, glücklichere und produktivere Leben zu führen."

Auf dem Google-Campus, der Unternehmenszentrale in der kalifornischen Stadt Mountain View in der Nähe von San Francisco, denken sie überall nach, wie durch lernende Computerprogramme die Google-Dienste verbessert werden können. Und welche neuen Angebote dadurch möglich werden. Häufig entsteht der Eindruck, dass hier nicht Menschen darüber nachdenken, wie sie Geschäfte machen können, sondern dass sie sich auf einer weltverändernden Mission befinden – auf einer, die in einer besseren Welt für alle mündet.

Um voranzukommen in der Künstlichen Intelligenz, hat das Unternehmen wie kein anderes in den vergangenen Jahren zahlreiche Fachleute eingestellt und seine Forschungsabteilung stark ausgebaut. Darunter sind einige der führenden Akademiker auf dem Gebiet wie der frühere Nasa-Forschungsdirektor Peter Norvig, die aus Peking stammende Stanford-Professorin Fei-Fei Li, der KI-Nachwuchsstar Ian Goodfellow und der in Kanada lehrende Informatiker Geoffrey Hinton, einer der Vordenker der gerade angesagten Methoden rund um künstliche neuronale Netze und Deep Learning. Die Suchmaschine ist längst in dieser Hinsicht modernisiert. Auch der Übersetzungsdienst Google Translate funktioniert mittlerweile auf Basis von KI-Methoden und ist deutlich leistungsfähiger: 500 Millionen Menschen nutzen ihn, jeden Tag werden im Schnitt zwei Milliarden Texte übersetzt, 140 Milliarden Wörter. Das Unternehmen ist auf dem Weg, die von Internetnutzern verwendeten Sprachen nahezu komplett abzudecken.

Sundar Pichai gesteht sofort zu, dass hinter dieser technischen Revolution zugleich eine große Herausforderung steckt, nicht bloß für Google, sondern auch für die Gesellschaft insgesamt. Für zentral hält er dabei die Art und Weise, wann und wie wir uns

Wissen aneignen. „In der Vergangenheit hast du dich einmal ausgebildet, und das reichte für ein Leben. Für immer mehr Menschen geht das nicht mehr“, stellt er fest, „so funktioniert eine moderne Wirtschaft nicht.“ Heute gehe es um konsistente, kontinuierliche Weiterbildung. Lernende Computerprogramme werden aus seiner Sicht eine positive Rolle dabei spielen: „Sie werden personalisierteres Lernen und einfacheres Lernen ermöglichen. Eine Frage, die wir uns zum Beispiel stellen, lautet: Wie können wir Lehrern mit Technologie helfen?“

Für Deutschland ist er zuversichtlich, sagt er. Und erinnert an den IT-Gipfel der Bundesregierung vor zwei Jahren in Saarbrücken, an dem auch er teilgenommen hat. „Da haben sie Deutschlands ganze Ausbildung überdacht, vom Kindergarten an, das hat mich beeindruckt“, sagt er: „Deutschland verfolgt einen guten Ansatz, verglichen mit den meisten anderen Ländern. Obwohl es ein föderales Land ist, arbeitet die Zentrale mit den Bundesländern daran, systematisch ein digitales Curriculum einzuführen und diese Veränderung dann durch das ganze System zu bringen.“ Auf die Frage, was er der Kanzlerin raten würde, wenn er nicht der Vorstandsvorsitzende von Google, sondern ihr Technologieberater wäre, antwortet er: „Genau das, ein breites und umfassendes digitales Curriculum etablieren, das wäre das wichtigste einzelne Vorhaben, das ich durchführen würde.“

Und noch eine zweite Entwicklung hebt er hervor, wenn er über die Bundesrepublik spricht: „Ich sehe, wie die deutsche Industrie KI wirklich einführt. Das ist wichtig, damit die Wirtschaft zeitgemäß bleibt und führend. Zum Beispiel finde ich die Ankündigungen aus der deutschen Autoindustrie sehr spannend, wenn es um die elektrische Transformation geht oder um autonomes Fahren.“

Der erst 45 Jahre alte Technologiemanager gibt sich während des Gesprächs, zu dem Google Journalisten eingeladen hat, diplomatisch und freundlich. Harsche Kritik oder markige Worte vermeidet er. Lieber betont er, was er gut findet und woran er anknüpfen will. Etwa, wenn es um die angeblich großen und möglicherweise die ganze Menschheit treffenden Gefahren geht, von denen der amerikanische Unternehmer Elon Musk immer wieder spricht. KI-Experten bezeichnen das häufig unmissverständlich als übertriebenen Unsinn.

Nicht so Pichai. Ohne namentlich auf Musk einzugehen, sagt er allgemein über die Risiken im Zusammenhang mit Künstlicher Intelligenz: „Es geht um bedeutende technologische Änderungen, und umsichtige Menschen melden Bedenken an, und ich teile diese Bedenken." Länger hält er sich damit nicht auf, kommt unmittelbar zu seiner Vorstellung, wie damit umzugehen ist: „Wir müssen das in einem globalen Rahmen verantwortungsbewusst angehen. Zum Beispiel in einem Ansatz wie dem Pariser Klimaabkommen. Nur solche Rahmenwerke werden funktionieren in so einer Angelegenheit." Und fügt dann noch – beinahe pädagogisch – hinzu, dass er selbst von Endzeitstimmung nichts hält: „Es ist superwichtig, zu verstehen, dass wir uns noch in einem sehr frühen Stadium befinden, das kann ich gar nicht genug betonen. Einige Antworten auf Fragen, wie wir mit KI ethisch-regulatorisch umgehen sollten, werden wir tatsächlich erst beantworten können nach weiteren Fortschritten. Dann wissen wir erst, worum es genau geht." Auch da nennt er Musk nicht beim Namen. Weil der Tesla-Gründer allerdings vehement schon jetzt für eine Regulierung wirbt, lässt sich das gar nicht anders als eine Zurückweisung durch den Google-Chef deuten.

Sogar wenn es um China geht, bleibt Pichai ruhig und sachlich – obwohl er eine Menge Gründe haben könnte, sauer zu sein. Die zweitgrößte Volkswirtschaft blockiert die zu Google gehörende Videoplattform Youtube und die Suchmaschine selbst und alle anderen Internetdienste für Chinesen. Stattdessen überlässt die Führung in Peking chinesischen Tech-Konzernen wie Baidu, Alibaba und Tencent den Markt. Und sie kündigte im vergangenen Sommer einen Plan an mit dem ausdrücklichen Ziel, China in den nächsten zwei Jahrzehnten zur führenden KI-Nation der Welt zu machen. Eric Schmidt, selbst viele Jahre lang Google-Chef, warnt ausdrücklich vor den KI-Ambitionen der Chinesen. „Sie sind dabei, diese Technologie für kommerzielle und militärische Ziele zu verwenden, mit allen möglichen Folgen." In fünf Jahren werde China die Vereinigten Staaten eingeholt haben, wenn diese nicht ihre Anstrengungen verstärkten. Schmidt macht Druck.

Pichai feuert das nicht an: „Ich finde wirklich großartig, dass China in KI investiert. Technologie ist ein globales Phänomen, deswegen bin ich darüber auch überhaupt nicht überrascht. Ich hoffe, alle von uns arbeiten mit China und chinesischen Unternehmen effektiv zusammen, um KI zu entwickeln." Wenn sich Volkswirtschaften entwickeln, dann bildeten sich gegenseitige Abhängigkeiten heraus, was er gut finde: „Unternehmen aus der ganzen Welt investieren in China und chinesische im Ausland. Für mich erscheint das als eine positive Entwicklung, so sehe ich das." Über die Blockade der Google-Angebote möchte er sich dabei nicht beschweren, stattdessen erklärt er einfach: „Es gibt viele bemerkenswert erfolgreiche ausländische Unternehmen in China wie Apple oder Samsung, wir stellen das mobile Betriebssystem Android bereit. Wir kooperieren mit chinesischen Unternehmen, wenn sie außerhalb Chinas expandieren, zum Beispiel mit Huawei. Viele Partnerschaften werden gerade auf den Weg gebracht." Und dann bekräftigt er noch einmal: „Ich glaube, eine verflochtene Welt ist eine gute Sache, das hat die Geschichte gezeigt."

Wenn es darum geht, schlaue Computerprogramme zu erforschen, dann scheint sich auch Google selbst derzeit regelrecht zu verflechten mit anderen Ländern, sich quasi zu dezentralisieren. Das Unternehmen richtete im vergangenen Jahr ein KI-Labor in der kanadischen Metropole Toronto ein und beschäftigt an seinem Standort Zürich mittlerweile ungefähr 2000 Mitarbeiter. In London ist das im Jahr 2014 von Google gekaufte KI-Unternehmen Deepmind beheimatet, dessen Forscher weltbekannt geworden sind durch ihre Erfolge gegen die besten Spieler des traditionsreichen Brettspiels Go. Der Verdacht erhebt sich, dass Google gezielt außerhalb der Vereinigten Staaten expandiert. Gerade schaffte es eine aus Iran stammende Computerwissenschaftlerin sogar in die „New York Times", die gemeinsam mit dem KI-Vordenker Geoffrey Hinton eine womöglich vielversprechende Idee einbrachte, wenn es um die Leistungsfähigkeit neuronaler Netze geht. Die Forscherin wollte ursprünglich in den Vereinigten Staaten Informatik studieren, bekam dafür aber kein Visum.

Ein Einzelfall oder ein tieferliegendes Problem? „Hoffentlich nicht", sagt Pichai darauf und ergänzt: „Dankenswerterweise funktioniert die Wissenschaft länderübergreifend sehr gemeinschaftlich. Ich sehe nicht, wie sich das ändern wird, sogar dann, wenn es jetzt ein paar schlechte Jahre gibt." Die wachsenden Standorte im Ausland gehören zugleich zur Strategie des Unternehmens, bekräftigt er und kommt noch einmal auf sein übergeordnetes Motiv zu sprechen: „Wir fühlen uns tief verpflichtet, KI zu demokratisieren, was bedeutet, dass wir diese Technologie zugänglich machen wollen für jeden, was teilweise auch bedeutet, wir wollen sicherstellen, dass unsere Entwicklung von KI in möglichst vielen Ländern vorangeht. Unser Ansatz ist global. Ich denke, dass das gut ist für die Welt, und das ist ein Grund, warum wir das tun."

In Europa werde Google künftig eher mehr als weniger Leute anstellen. „Wir bauen unsere Präsenz in Europa kontinuierlich aus, wir beschäftigen 14.000 Menschen in 40 Städten Europas mittlerweile. Unser Engagement wird im Laufe der Zeit deutlich steigen, es geht nicht nur um Software-Entwickler. Wir haben tiefe Partnerschaften mit Telekommunikationsunternehmen, Autoherstellern, Angebote für kleine Unternehmen, mit Google Cloud auch für große Konzerne."

Angst davor, dass das mit der Künstlichen Intelligenz schiefgehen kann, dass zu viele Menschen zu schnell überfordert und abgehängt werden, dass sie massenweise ihre Arbeit verlieren oder Computerprogramme außer Kontrolle geraten können, hat der Google-Chef nicht. Nur eine Warnung möchte er aussprechen: „Die Sache, über die ich mir Sorgen machen würde: Wir sollten nicht glauben, dass Künstliche Intelligenz nicht passieren und keinen Fortschritt machen wird. Das ist der falsche Ansatz. Und das hat übrigens auch nichts zu tun mit Google oder irgendeinem anderen einzelnen Unternehmen: Technologie entwickelt sich weiter. Wir müssen uns als Gesellschaft darauf vorbereiten: Wir müssen die Vorteile nutzbar machen, die Nachteile minimieren und uns dem ethisch verantwortungsbewusst nähern."

So sei das übrigens mit jeder Technologie bislang gelungen. Daran, dass technischer Fortschritt das Leben der Menschheit erleichtert, zweifelt er nicht. Weder Falschinformationen, Manipulation oder Filterblasen, die manche Hoffnung etwa in die demokratisierende Kraft des Internets getrübt haben, stellen seine Anschauung in dieser Sache in Frage.

Pichais Technikzuversicht ist eigenem Bekunden nach übrigens vornehmlich seiner Lebensgeschichte geschuldet, die in einfachen Verhältnissen in Indien begann. „Als Heranwachsender hatte ich keinen Zugang zu Technologie. Auf alles, was ich bekam, musste ich eine Zeitlang warten. Und als ich es dann bekam, änderte es wirklich das Leben der Menschen, und das sah ich", sagt er und wird dabei dann doch emotionaler, lauter, haut mit der Hand auf den Tisch. „Wir warteten zum Beispiel fünf Jahre, um ein Telefon zu bekommen. Danach musste ich nicht mehr stundenlang zu einem Krankenhaus laufen, um die Bluttestergebnisse für meine

Mutter zu bekommen, wo sie mir hin und wieder sagten, dass sie noch nicht fertig sind – dafür brauchte ich dann vier Stunden. Das Telefon ermöglichte es, dass wir das in zwei Minuten tun konnten. Wir mussten auch lange auf den ersten Kühlschrank warten, und ich sah wirklich, wie dieses Gerät das Leben meiner Mutter veränderte." Er redet schneller und aufgeregter. „Technologie war für mich immer etwas, das ich eigenständig beobachten und wo ich sehen konnte, wie sie das Leben der Menschen positiv veränderte. Das treibt mich mehr an als alles andere. Ich bin fest davon überzeugt, dass Technologie viel mehr Gutes auf der Welt bewirken wird, als sich die Menschen vorstellen können." Dann ist das Gespräch zu Ende, Pichai bedankt sich, er geht, in dunklem Pullover, Jeans, Turnschuhen und mit leicht gesenktem Kopf.

Informatik sollte Pflichtfach sein – sagt Facebooks oberster KI-Forscher

Frage: Warum hat Facebook seine Forschungsgruppe für Künstliche Intelligenz in New York angesiedelt und nicht am Unternehmenssitz in Kalifornien? Antwort: Weil Yann LeCun in New York wohnt. Er ist der KI-Forschungschef des größten Sozialen Netzwerks der Welt und das seit mittlerweile vier Jahren, außerdem unterrichtet er weiterhin an der New York University. LeCun gehört zu der kleinen Anzahl an KI-Pionieren, die durch ihre Forschungsleistungen in den vergangenen Jahrzehnten die Grundlagen geschaffen haben für jene modernen KI-Methoden, die derzeit angesagt und mit so viel Hoffnung verbunden sind. Im Jahr 1960 in der Nähe von Paris geboren, studierte er zunächst Ingenieurwesen in der französischen Hauptstadt und promovierte in Informatik. Von Paris wechselte er an die Universität von Toronto als Mitarbeiter Geoffrey Hintons und von dort in die Privatwirtschaft, zum amerikanischen Telefonkonzern AT&T. Dort gelang ihm ein wissenschaftlicher Durchbruch, der sich hinter dem Namen „Convolutional Neural Networks" (CNN) verbirgt. Durch die viel leistungsfähigeren Rechner und größeren Datenmengen ist daraus ein vielversprechendes Werkzeug geworden. Angst hat der gefragte Redner vor dem Voranschreiten Künstlicher Intelligenz übrigens nicht, wie er in diesem Interview klarmacht.

Herr LeCun, wenn Sie jemandem ohne Grundkenntnisse in Mathematik und Informatik Ihr wichtigstes KI-Projekt derzeit erklären sollten, wie würden Sie das machen?
Es gibt viele wichtige Projekte in „Maschinellem Sehen", Übersetzung, Spracherkennung. Aber es gibt zwei grundsätzliche Forschungsfelder, in die wir sehr viel Aufwand stecken. Eines umfasst Dialog-Systeme ...

... Computer, die mit uns allgemein und sinnvoll im Dialog kommunizieren können ...
...intelligente Chatbots und virtuelle Assistenten. Die wissenschaftlichen Grundlagen und Technologien dafür existieren noch nicht. Wir sind dabei, Wege zu finden, die Computern ermöglichen, sich ein komplexes Hintergrundwissen anzueignen, wenn sie Texte lesen, um dann in der Lage zu sein, mit diesem Wissen vernünftig zu reden. Zweitens arbeiten wir am sogenannten „Predictive Learning", das Computern erlauben würde, eine Art gesunden Menschenverstand auszubilden durch Beobachtungen – so wie das Menschen und Tiere machen.

Was sind die Durchbrüche, die zum aktuellen KI-Hype führten?
Das hängt alles mit dem Aufkommen von Deep Learning zusammen. Deep Learning ist ein Set an Techniken, um einen Computer dahingehend zu trainieren, dass er Aufgaben bewältigen kann wie etwa einzelne Objekte auf einem Bild zu erkennen, ein Auto zu fahren, Sprache zu verstehen oder zu übersetzen. Während die grundlegenden Ideen hinter Deep Learning seit dem Ende der achtziger Jahre kursieren, sind sie in den vergangenen fünf Jahren dominant geworden: wegen methodischen Fortschritts, schnellerer Rechner und größerer Datenmengen. Eine spezielle Deep-Learning-Technik namens „Convolutional Neural Networks", die ich ursprünglich im Jahr 1989 entwickelte für AT&T Bell Laboratories, ist zu einem universalen Werkzeug

geworden für Bild-Erkennung, selbstfahrende Autos, die Analyse medizinischer Aufnahmen (zum Beispiel CTs), Textverarbeitung und viele andere Anwendungen.

Viele Menschen haben Angst vor weiterem Fortschritt im Bereich der Künstlichen Intelligenz. Sie sind nicht sicher, wie widerstandsfähig ihre Arbeitsplätze und Kenntnisse sind. Wie sehen Sie das?
Künstliche Intelligenz wird die menschliche Intelligenz erweitern, nicht ersetzen – in der gleichen Weise, wie jedes neue Instrument unsere Fähigkeiten vergrößert. Technischer Fortschritt hatte immer die Effekte, erstens den Wohlstand insgesamt zu vergrößern, zweitens neue Arbeitsplätze zu schaffen, drittens einige Berufe überflüssig zu machen. Der Aufstieg der Künstlichen Intelligenz wird dieselben Effekte haben. Die Herausforderungen, mit denen die Gesellschaften umgehen müssen, sind erstens die Beschleunigung des technischen Fortschritts, welche die Zahl derjenigen erhöhen wird, die umlernen müssen, um neues Wissen und neue Stellen zu bekommen. Und zweitens die Tatsache, dass der Wohlstand, der durch technischen Fortschritt entsteht, mit der gesamten Gesellschaft geteilt werden sollte.

Sollte Informatik heutzutage für jeden Schüler ein Pflichtfach sein?
Der Prozess, eine komplexe Aufgabe auf eine Reihe einfacher Anweisungen zu reduzieren – genau darum geht es beim Programmieren –, ist eine Fähigkeit, die in vielen Aspekten des modernen Lebens nützlich ist, nicht nur für professionelle Informatiker und Programmierer. Deswegen ja, es wäre gut, wenn die meisten Schüler an weiterführenden Schulen die Grundlagen der Computerprogrammierung beherrschen, wenn sie ihren Abschluss machen. Es gibt Instrumente, die eingesetzt werden können, um kleinen Kindern Programmieren beizubringen, zum Beispiel die visuelle Programmiersprache Scratch. Ich bin kein Spezialist in Pädagogik, aber ich hätte so ein Werkzeug sehr gerne ausprobiert, als ich noch ein Kind war!

Die Künstliche Intelligenz erlebte in der Vergangenheit Phasen großer Hoffnung und Phasen großer Ernüchterung, sogenannte „AI-Winter“. Gibt es dieses Auf und Ab noch immer, und wo stehen wir jetzt gerade?

Seit den sechziger Jahren hat es Wellen des Interesses für verschiedene Ansätze in der Künstlichen Intelligenz gegeben. In den Sechzigern zum Beispiel waren dies frühe Modelle neuronaler Netze. In den Siebzigern und Achtzigern dann fokussierten sich die Forscher auf logikbasierte Methoden mit formalen Regeln, Beweisführung, Deduktion – was wir Experten-Systeme nennen. Nach weiteren Episoden erlebten neuronale Netze dann um die Jahre 2011 und 2012 ein riesiges Comeback unter dem Namen „Deep Learning". Der Unterschied zu früheren Hochphasen der Künstlichen Intelligenz besteht darin, dass es jetzt eine große Zahl sehr erfolgreicher Anwendungen gibt und ein sehr großes unternehmerisches Geschäft rund um Deep Learning und Künstliche Intelligenz. Während der derzeitige Hype, der dieses umfängt, sicher kleiner werden wird, glaube ich daher nicht, dass wir abermals einen „AI-Winter" erleben werden in der Art, wie wir das in der Vergangenheit taten.

Ein deutscher Hotspot für Künstliche Intelligenz

Wer Roboter entzaubern will, der braucht nur ein rohes Ei. „Wie viele Bewegungsmöglichkeiten hat die Hand, die dieses Ei hält", gibt Kai Arras zu bedenken und bewegt seine Fingergelenke in alle möglichen Richtungen: „Und nur mit einiger Übung weiß man, wie viel Kraft man aufwenden muss, um das Ei aufzuschlagen, ohne es zu zerstören." Für einen Forscher wie Arras ist das keine Aussage über die bisherige Unzulänglichkeit von Maschinen, sondern eine Herausforderung, die Künstliche Intelligenz auch für den motorischen Bereich voranzutreiben. Sein Team im deutschen Traditionsunternehmen Bosch arbeitet zum Beispiel schon an „weicher Robotik", wo es darum geht, Teile ganz präzise zusammenzufügen, quasi mit Gefühl.

Sollte es irgendwann einen Roboter geben, der Eigelb und Eiweiß so elegant trennt wie sonst nur Großmutter daheim, dann ist es nicht abwegig, dass diese Maschine ihr nötiges Erfahrungswissen und ihre Intelligenz aus dem Cyber Valley hat. Noch kennt kaum jemand diesen Begriff. Aber eines Tages, so die Hoffnung der Initiatoren, soll Cyber Valley eine Marke sein, so bekannt wie das Silicon Valley – und zwar als Zentrum der Künstlichen Intelligenz.

Entstehen wird das Cyber Valley dort, wo heute die Autoindustrie zu Hause ist, mit einem Zentrum in der Region Stuttgart. An Optimismus, dass das gelingen kann, fehlt es nicht. „Wir sind überzeugt, dass hier ein Hotspot für wissenschaftliche Exzellenz für die weltweit besten Köpfe von morgen auf dem Gebiet der Künstlichen Intelligenz entstehen kann", sagte Baden-Württembergs Ministerpräsident Winfried Kretschmann zum Start der Initiative: „Unser Ziel ist, nicht nur die besten Maschinen zu bauen, sondern auch die schlausten." Kretschmann, der grüne Politiker mit Begeisterung für Innovationen, hatte sich schon einige Monate zuvor öffentlichkeitswirksam auf den Beifahrersitz eines Lastwagens gesetzt, der ganz autonom über die vielbefahrene Autobahn A8 steuerte, ganz im Vertrauen auf die Technik.

Mittlerweile gilt das autonome Autobahn-Fahren in der Branche schon gar nicht mehr als besonders anspruchsvoll. Beinahe wöchentlich gibt es irgendwo in der Welt die Ankündigung, dass ein Fahrzeug in Kürze schon fast alles allein machen wird im realen Straßenverkehr, ausgestattet mit einem künstlichen Gehirn, das schnell lernt, Abermillionen von Verkehrssituationen zu erkennen und passend dazu zu bremsen oder zu beschleunigen, eine neue Route zu suchen oder einen Fußgänger über die Straße zu lassen. „Autos werden das erste bedeutende Massenprodukt sein, das physische KI-Systeme in den Alltag bringt", erwartet Matthias Tröndle. Er ist Forschungskoordinator am Max-Planck-Institut für Intelligente Systeme Tübingen-Stuttgart (MPIIS) und hat in der Gründungsphase die Aktivitäten des Cyber Valley koordiniert. Die Autoindustrie, die mit ihren Milliarden-Investitionen die Entwicklung zum autonomen Fahren mit Hochdruck vorantreibt, gehört jedenfalls zu den großen Gründungssponsoren des Cyber Valley: Daimler, Porsche und BMW sind mit von der Partie, außerdem die Autozulieferer ZF und Bosch – insofern scheint die Prognose passend.

Doch selbst unter den Gründern tauchte ein Name auf, der nicht so recht in die Reihe der großen Industriepartner zu passen scheint: Facebook. Das frühzeitige Engagement des amerikanischen Konzerns war ein Signal in mehrfacher Hinsicht – dass man das Cyber Valley offen hält für die Kooperation abseits der Autoindustrie, jenseits der Grenzen von Baden-Württemberg. Und dass es in bedeutenden Kreisen ein erkennbares Interesse am Cyber Valley gibt. „Das Facebook Resarch Lab, bisher angesiedelt in New York und Paris, ist führend in der Grundlagenforschung zum Deep Learning", urteilt jedenfalls MPIIS-Koordinator Tröndle. Deep Learning ist eine Technik der Künstlichen Intelligenz, die den neuronalen Netzen des menschlichen Gehirns nachempfunden ist

– und die im Fall von Facebook beispielsweise dazu führt, dass man verblüffend gut passende Werbung auf dem eigenen Facebook-Profil wiederfindet.

Der Onlinehändler Amazon hat es Facebook gleichgetan und sich mittlerweile ebenfalls am Cyber Valley beteiligt und für den wissenschaftlichen Nachwuchs den Amazon Research Award geschaffen. Mehr noch: Der Internet-Riese baut selbst in Tübingen, aber außerhalb der Organisation Cyber Valley, ein Forschungszentrum zur Künstlichen Intelligenz auf. „Wir gehen dahin, wo die guten Leute sitzen", sagte Amazon-Manager Ralf Herbrich, der den Bereich Künstliche Intelligenz im Konzern verantwortet. Was Amazon besonders interessiert, das sind die Bereiche maschinelles Sehen und Kausalität.

Ein Auto-Valley soll und wird es also nicht geben, auch wenn die Hauptsponsoren zu großen Teilen ihre dicken Gewinnmargen noch mit Dieseltechnik verdienen. Was hier im Bereich Künstliche Intelligenz erforscht wird, mag der Mobilität dienlich sein, lässt sich aber tendenziell leicht auf andere Anwendungsfelder übertragen. Bosch sieht sich als Profiteur dieser technologischen Entwicklung, weil sich plötzlich die Diversifizierung des Konzerns viel stärker nutzen lässt als früher: Rasenmäher oder Staubsauger werden schnell schlau, weil man für die Algorithmen auf Entwicklungen für den Verkehr zurückgreifen kann.

Aber auch aus ganz anderen Branchen kommt Beifall für die Initiative. Sie mache Deutschland für Talente attraktiv, lobt Ulrich Simon, der im Zeiss-Konzern die Forschung und Entwicklung verantwortet und Chancen für die Bereiche Optik und Photonik sieht: „Beispielsweise sehen wir Applikationen, bei denen es darum geht, Auffälligkeiten oder Anomalien aus einer großen Zahl diagnostischer Bilder in Medizin oder industrieller Qualitätssicherung zu erkennen."

„Dutzende von Firmen haben sich gemeldet, viele von ihnen mit der sehr konkreten Vorstellung für eine Kooperation", berichtet Tröndle zufrieden über das Feedback. „Wir wollen eine Lawine ins Rollen bringen", so lautet sein Anspruch. Das Geld aus der Wirtschaft ist dafür genauso wichtig wie das so entstehende Netzwerk, von dem die Gründerplattform profitieren wird. Akademische Nachwuchsgruppen sollen ermuntert werden, sich ganz frei ihre Arbeitsfelder auszusuchen, die dann von den Gründer-Firmen gezielt gefördert werden. „Das wird nichts Triviales sein", ist sich Yasser Jadidi sicher, Forschungsleiter im BCAI, dem Bosch-Zentrum für Künstliche Intelligenz: „In solchen Gruppen sucht man sich immer die ganz harten Nüsse aus. Was wirkt unlösbar, lautet die Frage – genau das ist spannend."

Noch sind es Städte wie Tel Aviv oder Berlin, die für ihre Gründer-Communities bekannt sind. Doch Tröndle ist zuversichtlich für das Cyber Valley: „Für ein Start-up ist es auch wichtig, dass es Kunden findet. Da können wir unseren Standortvorteil ausspielen." Bei aller Zukunftshoffnung, die auch in der baden-württembergischen Landesregierung anzutreffen ist, gibt es dennoch auch nachdenkliche Töne aus dem Staatsministerium in Stuttgart. „Alles hat Kollateralschäden", gibt Ministerpräsident Kretschmann zu bedenken. „Wenn Wahlen manipuliert werden, wenn alle Geheimnisse offengelegt werden, weil das Kaufverhalten interpretiert wird – in so einer Welt will ich nicht leben", sagt er über die Schattenseiten der Digitalisierung. Er gibt den Partnern des Cyber Valley daher noch einen Auftrag jenseits des wirtschaftlichen Fortschritts mit auf den Weg: „Wir müssen erforschen: Wie können wir Big Data nutzen, ohne dass wir zum gläsernen Menschen werden? Dass wir nicht zu unseren eigenen Marionetten werden, ohne es zu merken? Alle warten darauf, dass wir diesen Fragen nachgehen, und hier haben wir Verantwortung."

30 Billionen Rechenvorgänge in einer Sekunde

Der „People Mover" sieht knuffig aus und kann ganz allein ein paar Personen transportieren – er tut also genau das, was künftig einmal ganz normal sein wird. Einen „Sicherheitsfahrer" gibt es vorläufig noch, weil manche Passagiere dem schlauen Bus vielleicht nicht ganz trauen, zumal auf diesem autonomen Fahrzeug keines der bekannten Markenzeichen prangt. Hinter diesem revolutionär wirkenden Buskonzept steckt ZF, jener Autozulieferer vom Bodensee, der vor mehr als hundert Jahren als Zahnradfabrik gegründet und bis vor Kurzem noch als Getriebehersteller tituliert wurde. Jetzt macht die ZF Friedrichshafen AG in Sachen autonomes Fahren mehr Tempo als andere. Der „People Mover" kommt in diesem Jahr als Testflotte, im kommenden soll er bereit sein für die Straßenzulassung.

Der schlaue Bus ist vielleicht das erste Serienfahrzeug, in dem das künstliche Gehirn stecken wird, das ZF künftig millionenfach produzieren will. Die Box „ZF Pro AI", 14 mal 16 Zentimeter groß, ein Pfund schwer, wird künftig allein entscheiden können, was heute noch ein Autofahrer entscheidet: Bremsen oder beschleunigen, wenn ein Radfahrer von rechts kommt? Langsamer fahren, wenn es zu schneien beginnt? Die Fenster schließen, wenn der Fahrtwind zu laut wird? „Es gibt extrem viele Verkehrssituationen und damit Handlungsoptionen, die man unmöglich alle vorausdenken kann, um sie in Algorithmen zu berücksichtigen. Für die Erfassung und Interpretation sowie das Finden von Handlungsoptionen nutzen wir die Künstliche Intelligenz", erklärt Torsten Gollewski, der als Leiter der Vorentwicklung bei der ZF Friedrichshafen AG solche Zukunftsprojekte vorantreibt.

ZF hat sich deshalb mit Nvidia zusammengetan, einem Unternehmen, das für seine leistungsfähigen Grafikkarten bekannt und im Bereich der Künstlichen Intelligenz inzwischen etabliert ist. Der Xavier-Chip, den Nvidia im Herbst 2016 vorgestellt hat, schafft in jeder Sekunde 30 bis 35 Billionen Rechenoperationen. Diese Denkleistung ist nötig, um autonomes Fahren wirklich zu realisieren, auf dem sogenannten Level 4, also mit einem Fahrer, der nur in bestimmten Situationen vom System zum Eingreifen aufgefordert wird. Oder gar auf Level 5, einem Fahrbetrieb, bei dem der Mensch nur noch gebraucht wird, um das System zu starten und das Ziel zu nennen.

Xavier ist ein besonders leistungsfähiges Chip-System, aber nichts Exklusives: Auch Bosch und Audi und Tesla und weitere Kooperationspartner von Nvidia arbeiten mit diesem Werkzeug, das schon mit grundlegenden Algorithmen ausgestattet ist, für die Nvidia die Erfahrung aus dem Computerspiele-Bereich mitbringt. Aber die Sache mit dem Straßenverkehr ist eben ein bisschen komplexer, oder wie Torsten Gollewski sagt: „Wenn ein Computerspiel einen Fehler hat, gibt es Kundenbeschwerden und dann ein Update. Im autonomen Verkehr haben wir diese Optionen nicht, denn wenn Personen zu Schaden kommen, hilft dann auch kein Software-Update mehr."

Umso wichtiger ist es, dass man die Erfahrungswerte und Lerneffekte der Künstlichen Intelligenz, die in der Flotte entstehen, wieder der ganzen Flotte über ein Update zu Verfügung stellt. „So werden wir sukzessive besser. Das System lernt wie ein Mensch von der zunehmenden Fahrerfahrung." Das Nvidia-System wird daher erst einmal zum Lernen geschickt. Für einen Messeauftritt wie jenen auf der Elektronikmesse CES in Las Vegas im Jahr 2017, wo die Kooperation von Nvidia und ZF verkündet wurde, reicht ein Zwei-Wochen-Training – da bleibt das Auto dann eben mal stehen, wenn es nicht mehr weiterweiß. Genau ein Jahr später, auf der CES 2018, vermeldete ZF schon ein konkretes Projekt: Gemeinsam mit dem chinesischen Tech-Unternehmen Baidu hat ZF mittlerweile mit Hilfe des „ZF Pro AI" eine Anwendung für das sogenannte „Valet Parking" entwickelt. Jetzt können Autos mit einer App vom Smartphone aus beauftragt werden, sich einen Parkplatz zu suchen und einzuparken – und später wieder zurückzukehren. Eine Testflotte von Pand Auto, einem der größten chinesischen Carsharing-Anbieter, setzt das System jetzt probehalber ein.

Für die Anwendung im echten Leben gilt wie bei den Menschen auch: je mehr Erfahrung desto besser. Eingesetzt wird dafür „Deep Learning", ein Verfahren, das die Funktionsweise des menschlichen Gehirns nachahmt, indem neuronale Netze simuliert werden. Die Technik ist besonders dafür geeignet, Probleme zu lösen, die unscharf definiert sind: Bilder oder Sprache zu erkennen beispielsweise. Die Technik ist im Prinzip seit Jahrzehnten bekannt, wird aber jetzt erst effizient, weil die Datenverarbeitung in unvorstellbarer Geschwindigkeit möglich ist. Das Ziel für den „ZF Pro AI": Ein damit ausgestattetes Fahrzeug soll beispielsweise ganz elegant um den Arc de Triomphe in Paris fahren können, ganz egal, ob um ihn herum 6- oder 8-spuriges Chaos herrscht.

Die Daten, die dafür nötig sind, sammelt das Fahrzeug über Kameras, Radar- und Lasersensoren und über GPS. Die Signale fließen alle gleichzeitig zum „ZF Pro AI", der daraus Zusammenhänge konstruiert und die passenden Handlungen ableitet, basierend auf Wahrscheinlichkeiten: Wie wahrscheinlich ist es zum Beispiel, dass ein Radfahrer einfach weiterfährt, obwohl er keine Vorfahrt hat? Wie wahrscheinlich ist es, dass ein still am Straßenrand stehender Mensch plötzlich auf die Fahrbahn läuft? „Ein Mensch hat einen sehr agilen Bewegungsraum und kann mit einem Schritt stehenbleiben oder auch weiterlaufen. Die Bewegungsmodelle von Fußgängern hier zu berücksichtigen ist wichtig", sagt Gollewski über das so gesammelte Erfahrungswissen und die daraus abgeleiteten Handlungsmuster: „Das ist unser Beitrag aus unseren Simulationen und Erfahrungen in den Feldern autonomes Fahren und vorausschauender Sicherheit."

Und so wie es heute Autos gibt, die eine bessere Kurvenlage haben oder eine sanftere Gangschaltung, so wird es künftig verschiedene Arten dieser intelligenten Systeme geben. Die Differenzierung wird dadurch entstehen, dass die Zahl und Ausprägung der Eingabesignale unterschiedlich ist, aber auch in deren Verarbeitung. Verbesserungen des Systems sind über eine Cloud-Lösung während der gesamten Lebensdauer des Geräts möglich.

Die Konkurrenz macht es vielleicht anders, aber sie schläft nicht. Delphi und Valeo, Denso und Conti: Alle befassen sich mit der Steuerung von autonomen Fahrzeugen. Auf Seiten der Chiphersteller dürften als Wettbewerber für Nvidia Motorola eine Rolle spielen oder auch Intel, die schon mit BMW kooperieren. Das Prognoseinstitut Gartner geht davon aus, dass in den 2020er Jahren etwa 200 bis 250 Millionen Autos als vernetzte Fahrzeuge auf Level 3 existieren werden, also solche Autos, die weitgehend selbstständig auf Autobahnen fahren können, knifflige Fahrabschnitte aber dem menschlichen Fahrer überlassen. Der im Sommer 2017 vorgestellte neue Audi A8 befindet sich als erstes Auto auf diesem „Intelligenzniveau".

Bei ZF drückt man daher aufs Tempo, um den Markt zu besetzen. Das Gerät selbst, das im ZF-Werk Espelkamp (nahe Osnabrück) hergestellt wird, dürfte gar nicht so viel kosten, erwartet man, viel weniger als ein Getriebe jedenfalls. Obwohl auch die Hardware keineswegs trivial ist.

Vor allem müssen die High-End-Rechner ein gutes Thermomanagement haben, denn durch die extrem hohe Rechenleistung entsteht große Wärme. Bei ZF spricht man von 30 Watt: „Damit könnte man fast ein Haus heizen." Außerdem muss das System in der kalifornischen Hitze funktionieren, wo an der Windschutzscheibe in der Sonne schon einmal Temperaturen jenseits von 200 Grad gemessen werden, aber auch bei nordischen

Minusgraden. Außerdem muss es aushalten, was ein Auto mit sich bringt: Lärm, Vibrationen und enorme Beschleunigungskräfte.

So sehr sich im Augenblick alles ums Auto dreht: ZF hat viel mehr im Blick als den autonomen Personenwagen. „Künstliche Intelligenz wird ein Game Changer auf allen Ebenen", sagt Mamatha Chamarthi, die als CDO die Digitalisierung des ZF-Geschäfts vorantreibt. ZF habe den Vorteil, in vielen Branchen aktiv zu sein, von der Autoindustrie über Bau- und Landwirtschaft bis hin zur Industrietechnik, und entsprechende Skaleneffekte zu erzielen. Für eine intelligent gesteuerte Erntemaschinen-Flotte lässt sich die schlaue Steuerbox ebenso einsetzen wie für die bedarfsgerechte Wartung von Windparks.

Ein unhöflicher Roboter ist manchmal besser

Spencer wartet geduldig, während man über seine Vergangenheit spricht. Der Roboter ist ein echter Europäer. Forscher von sechs Universitäten in fünf Ländern haben dem 1,93 Meter großen Spencer die nötige Intelligenz verpasst, dass er auf dem Amsterdamer Flughafen Schiphol Passagieren helfen konnte, ihr Abfluggate zu finden. Dieses Projekt ist nun erst einmal abgeschlossen. Jetzt wohnt Spencer in Renningen, wo der Bosch-Konzern seine Forschung konzentriert hat und wo auch das sogenannte BCAI, das Bosch Center for Artificial Intelligence, angesiedelt ist. Wenn Spencer hier einen Besucher zum Nachbarlabor führen soll, geht er um die Gruppe herum, die da steht und über ihn spricht, bevor er seinen Weg fortsetzt.

Das ist höflich, und macht Kai Arras zufrieden. Das Verhalten von Spencer zu planen und zu trainieren war seine Aufgabe als Juniorprofessor an der Universität Freiburg, bevor er zu Bosch wechselte. Für einen Einsatz auf dem Flughafen Schiphol wäre es aber doch unpraktisch, so einen höflichen Roboter zu haben, erklärt Arras die Tücken dieser Arbeit: „Am besten funktioniert es, wenn er auch mal zügig eine Menschenmenge durchquert, ohne dabei alle Höflichkeitsregeln zu beachten. So wie man es als Mensch auch tut, wenn man es sehr eilig hat.“ Höfliche Flughafenhelfer werden so schnell nicht zum Kerngeschäft des Bosch-Konzerns gehören, aber ein Projekt wie Spencer passt dennoch genau in die Strategie: „Künstliche Intelligenz wird eine Kernkompetenz von Bosch. Wir wollen Maschinen bauen, die lernen und intelligent handeln können“, lautet die Mission, formuliert von Volkmar Denner, dem Vorsitzenden der Bosch-Geschäftsführung. Der Traditionskonzern, den viele noch als Hersteller von Autoteilen, Hausgeräten und Elektrowerkzeugen wahrnehmen, soll schon Mitte der 2020er Jahre nur noch Dinge anbieten, die selbst über Künstliche Intelligenz verfügen oder zumindest mit entsprechenden Methoden hergestellt wurden.

Der Weg dahin kostet viel Geld. Um das Thema in alle Geschäftsbereiche hineinzutragen, sind allein für die nächsten fünf Jahre 300 Millionen Euro bereitgestellt. Geld, das erst einmal in Menschen investiert wird. „Wir wollen möglichst stark wachsen, aber ohne Kompromisse bei der Mitarbeiterkompetenz zu machen“, umschreibt Christoph Peylo, der Leiter des BCAI, die Agenda. Neben Renningen, wo vier Forschungsgruppen angesiedelt sind, sind Standorte in Palo Alto und Bangalore im Aufbau. Und überall sollen die besten Köpfe arbeiten. „Gute Leute arbeiten gern mit guten Leuten zusammen. Wenn eine kritische Masse überschritten ist, geht es viel einfacher, die passenden Bewerber zu finden“, sagt Peylo.

Kai Arras, der nicht nur den Roboter Spencer, sondern auch zwei seiner Mitarbeiter aus Freiburg mitgebracht hat, ist jedenfalls ganz begeistert von dem Forschungscampus in Renningen: „Hier habe ich die Mittel, die ich an der Universität nie hätte. Dabei geht es nicht nur um Geld oder Technik, sondern auch um die Wirkung. Hier hat man die Chance, die Welt zu verändern.“ Arras, dessen Karriere auf einem Elektrotechnik-Studium an der ETH Zürich fußt, hat schon Erfahrungen in kleinen Start-ups, wo die Wirkung der eigenen Arbeit noch viel unmittelbarer ist. Aber, so scherzt er, in dem Spin-off für Wisch-Roboter seien die Möglichkeiten doch sehr begrenzt gewesen. Hingegen: „Die Breite von Bosch ist ziemlich cool, da hier die Robotik an bestehendes Knowhow anknüpfen kann.“

Was Arras und sein Team an Erfahrungen mit Spencer sammeln, ist eben nicht nur für den ursprünglichen Partner, die Fluglinie KLM, relevant. Vielmehr sieht er als Leiter des strategischen Programms „Autonome Systeme und Robotik“ Anwendungsfelder quer durch alle Bosch-Sparten: „Da findet gegenseitige Befruchtung statt.“ Relevant sei etwa die Wahrnehmung des Menschen durch den Roboter, die Sozialkompetenz, die dieser entwickeln muss, aber auch die Lokalisierung des Roboters und seine Bewegungsplanung bei der Begegnung mit Menschen. Das kann knifflig sein.

Nur ein Teil der relevanten Dinge ist statisch, manches verändert sich – für einige Momente, vorübergehend oder dauerhaft. Der Flughafen-Roboter trifft auf eilige Menschen, der Rasenmäher-Roboter auf einen Liegestuhl, das autonome Auto auf eine Baustelle. Wie soll der Roboter erkennen, ob das Sofa nur für einen Fußball-Abend vor dem Fernseher anders hingestellt oder ob das Zimmer neu eingerichtet wurde? „Ein sehr spannendes Problem für ein lernendes System", sagt der Forscher: „Das geht durch sehr viele Anwendungsfelder."

Das neue Zentrum für Künstliche Intelligenz hat nicht nur die Aufgabe, die grundsätzlichen Lösungsansätze zu erforschen. Es gehe auch darum, das ganze Unternehmen mit den passenden Kompetenzen und Werkzeugen nach und nach auszustatten. „In der Forschung an den richtigen Themen dran zu sein ist sehr, sehr wichtig. Da wollen wir zur Weltspitze gehören", sagt Christoph Peylo. Dem Bosch-Forscher, der in Computerlinguistik promoviert ist und bis vor Kurzem in der Telekom-Forschung tätig war, gefällt es aber auch, dass die Arbeit nicht dem Selbstzweck dient: „Wir sind ein Unternehmen. Das heißt: Wir wollen die Forschung schnell in die Entwicklung von Produkten einbringen, von denen die Kunden begeistert sind."

Autohersteller werden zu Softwareunternehmen

Autos haben irgendwie schon immer etwas Faszinierendes an sich. In dem er Autos erfindet, „vollzieht der Mensch den Statuswechsel vom Geschöpf zum Schöpfer und zum Urheber neuer Arten, deren Evolution er aktiv steuert“, schrieb einmal der Ethnologe Tobie Nathan. Kein Wunder, dass unter den vielen Anwendungsmöglichkeiten moderner KI-Methoden gerade das autonome Fahren so viel Aufmerksamkeit erregt, das Tüfteln an Autos, die einmal ohne menschliche Hilfe ganz alleine durch den Straßenverkehr fahren. Die damit verbundene Hoffnung ist groß: Viele tausend Menschen sterben jedes Jahr in Verkehrsunfällen, schlaue Computerprogramme sollen das ändern. Und außerdem die lästigen Verkehrsstaus unterbinden oder wenigstens ihre Anzahl vermindern. Jeder große Autohersteller arbeitet derzeit daran, die deutschen, amerikanischen, japanischen und chinesischen Konzerne gleichermaßen. Häufig schließen sie sich dabei mit Partnern zusammen, etwa mit großen Technologieunternehmen. Doch das wirklich ganz alleine fahrende Auto ist technisch anspruchsvoll. Der Apple-Vorstandsvorsitzende Tim Cook sprach im Zusammenhang damit schon von der „Mutter aller KI-Projekte“. Er meinte dabei autonome Systeme insgesamt, von denen eine Ausprägung dann das selbstfahrende Auto wäre. Knifflig ist indes in diesem Fall nicht nur die Technik. Bevor Autos ganz ohne Fahrer auf die Straße können, müssen sich die jeweiligen Regierungen und Behörden noch um andere Fragen kümmern, etwa: Wie ist das Auto versichert? Wer haftet, wenn ein Unfall geschieht? Auch das ist nicht trivial. Aber durchaus lösbar. Die Wahrscheinlichkeit, dass es so kommt, dürfte Stand heute sicher höher als 50 Prozent betragen.

Doch wie weit sind die Konzerne eigentlich? Im Cockpit des Audi A8 gibt es seit dem vergangenen Jahr beispielsweise einen AI-Knopf. Die zwei Buchstaben stehen für Artificial Intelligence, also Künstliche Intelligenz. Wer die Taste drückt, übergibt das Steuer der Luxuslimousine an den Computer. Während also der Fahrer getrost den Blick abwenden kann, fährt der Autopilot selbstständig an, beschleunigt, lenkt und bremst – zumindest während ganz bestimmter Autobahn-Situationen. Auf das dahinterstehende selbstlernende System sind die Audi-Ingenieure zu Recht stolz. Denn das Tochterunternehmen des großen Volkswagen-Konzerns konnte dadurch in Sachen Künstlicher Intelligenz endlich einmal dem Markenslogan „Vorsprung durch Technik" gerecht werden. Selbst den Vergleich mit der Mercedes S-Klasse muss der A8 nicht scheuen. Vielleicht war das nur ein Etappensieg, denn Daimler hat sich mit Bosch verbündet, jenem Autozulieferer, der das Thema Künstliche Intelligenz mit dreistelligen Millioneninvestitionen vorantreibt.

Außerdem ist für Mercedes der digitale Umbruch schon lange ein Thema und wird im gesamten Daimler-Konzern auch in der Kultur verankert. Nach außen sichtbar wurde das etwa während der Frankfurter Automesse IAA im Herbst, wo sich Mercedes als Hightech-Schmiede präsentierte mit dem Anspruch, in einem Atemzug mit den aufsehenerregendsten Entwicklungen der Welt genannt zu werden. Die von Mercedes zur IAA veranstaltete Me-Convention war quasi eine Kopie des amerikanischen Tech-Festivals SXSW. Der Stuttgarter Konzern suchte währenddessen auch nach den Talenten von morgen – und zwar mit einem Hackathon. Die Teilnehmer sollten kreative Lösungsansätze und Prototypen rund um die Themen Künstliche Intelligenz und „Car-2X-Technology" entwickeln, kamen dabei mit Experten ins Gespräch und konnten, wenn's funkte, gleich auch die eigene Karriere im Daimler-Konzern planen. Das sei keineswegs mehr abwegig, signalisiert man in Stuttgart. Waren vor einigen Jahren die Autokonzerne noch als Blechbieger verrufen, sind sie mittlerweile durchaus auch Konkurrenten für Unternehmen wie Google oder Apple, wenn es um das Anwerben kluger Köpfe aus dem

IT-Bereich geht. „Wir erleben, dass der technologische Umbruch der Autoindustrie hin zum elektrischen und autonomen Fahren für viele Absolventen offenbar sehr spannend ist“, heißt es aus dem Hause Mercedes.

Haben die Maschinenbauingenieure also langsam ausgedient? Liegt die Zukunft der Autobranche in den Händen der Kybernetiker? Auf so eine Diskussion lässt man sich in Stuttgart gar nicht erst ein, denn: Tausende von Mitarbeitern in der Forschung und Entwicklung könnten so etwas in den falschen Hals bekommen. Tatsache ist allerdings auch, dass Daimler-Vorstandschef Dieter Zetsche vor einem Jahr verkündete: „IT ist Chefsache.“

Die deutsche Autoindustrie ist nach Einschätzung von Christian Müller übrigens in dieser Zukunftstechnologie „gar nicht schlecht aufgestellt“. Der Autofachmann am Deutschen Forschungszentrum für Künstliche Intelligenz (DFKI) verweist dazu auf die vielen Erfindungen, die Audi, Daimler und Co. in diesem Bereich patentieren lassen – da liegen die Deutschen etwa vor Google und Apple. „Man könnte manchmal einen anderen Eindruck bekommen, weil Google schnell alles hinausposaunt, während sich die Autokonzerne eher bedeckt halten“, sagt er. Für ihn ist entscheidend, dass die deutschen Hersteller eigene Kapazitäten aufbauen. Einerseits wegen der Wertschöpfung, die mit der Herstellung und dem Verkauf eines Automobils verbunden ist. „Das Auto besteht zu immer größeren Anteilen aus Software und IT, das muss sich auch im Mitarbeiterschnitt der Hersteller zeigen.“ Andererseits geht es auch um das Kräfteverhältnis in einer hochspezialisierten Ökonomie. „Für die Hersteller ist immer eine wichtige Frage: Wie viel Macht bekommen die Zulieferer? Natürlich gibt es Anbieter von Komplettlösungen, die im Grunde alle Bereiche in der Auto-KI abdecken. Das einzukaufen ist aber zumindest nicht die Strategie der klassischen Hersteller“, erklärt DFKI-Experte Müller.

Sichtbar wird das bei BMW. Die im Jahr 1916 gegründeten Bayerischen Motorenwerke werden immer digitaler und kooperieren mit branchenfremden Unternehmen. Und sie brauchen dafür geeignetes Personal, wie Milagros Caiña-Andree erklärt. „Wir stellen schon heute fast so viele IT-Spezialisten ein wie Maschinenbauer, Tendenz steigend", sagte die für Personalfragen zuständige Vorstandsfrau. In der Entwicklung des hochautomatisierten Fahrens sind im Unternehmen BMW ungefähr 60 Computerspezialisten ausdrücklich mit Künstlicher Intelligenz und dem sogenannten maschinellen Lernen beschäftigt. Noch einmal halb so viele sollen unmittelbar eingestellt werden. BMW treibt das autonome Fahren in enger Zusammenarbeit mit dem amerikanischen Chipkonzern Intel und dem israelischen Kameraspezialisten Mobileye voran; auch der Fiat-Chrysler-Konzern ist mittlerweile dieser internationalen Arbeitsgemeinschaft beigetreten. Im vergangenen Jahr schickte BMW die ersten 40 selbstfahrenden Versuchsfahrzeuge auf europäische und amerikanische Straßen. Und im Jahr 2021 soll der „iNext", die erste vollständig selbstfahrende Limousine, serienreif sein. Bereits heute baut der Münchner Konzern vor den Toren der bayerischen Landeshauptstadt einen Campus für mehr als 2000 Forscher und Entwickler. 200 Ingenieure wurden dort eingestellt, 80 Prozent davon sind Software-Ingenieure.

Auch Audi plant am Stammsitz in Ingolstadt einen eigenen Campus. Für das Großprojekt „IN-Campus", der Technologiezentrum im Stil von Google und Apple sein soll, hat das Unternehmen gemeinsam mit der Stadt bereits das Gelände einer ehemaligen Raffinerie gekauft. In seiner Endausbaustufe kann daraus ein eigener Stadtteil mit 20.000 Menschen werden, heißt es Seitens Audi. Die Marke hat im Volkswagen-Konzern übrigens den Hut auf, wenn es um autonomes Fahren und Künstliche Intelligenz geht. Der Volkswagen-Vorstandsvorsitzende Matthias Müller hebt immer wieder hervor, dass neben Qualität und Design der Autos und der Emotionalität der Marken neue Akzente gesetzt werden: „Bei der Elektromobilität und Batterietechnologie, bei digitalen Diensten, beim autonomen Fahren und bei Künstlicher Intelligenz." KI spielt dabei nicht nur im Auto eine Rolle, sondern – und das ist mindestens genauso wichtig – auch in den Unternehmensprozessen. „Künstliche Intelligenz ist der Schlüssel für die digitale Zukunft des Volkswagen-Konzerns", postulierte VW-IT-Chef Martin Hofmann im vergangenen Jahr schon.

In München hat Volkswagen deswegen ein sogenanntes Data Lab aufgebaut. Dort arbeiten Spezialisten vom Robotik-Experten über Mathematiker bis zu Designern vor allem an zwei großen Themen: Zum einen entwickeln die Mitarbeiter dort lernende Systeme, künstliche neuronale Netze, die in der Erkennung von Mustern und Gesetzmäßigkeiten immer zuverlässiger werden. „Das System prüft eine Information hierbei immer in mehreren Schritten und vergleicht sie mit bereits Erlerntem, ähnlich wie wir Menschen, wenn wir sprichwörtlich zweimal hinschauen, um uns zu vergewissern", erklärt ein Volkswagen-Sprecher. So werde das System immer sicherer darin, Muster und Gesetzmäßigkeiten zu identifizieren. Künstliche Intelligenz soll auch in der Produktion eingesetzt werden. Roboter arbeiten schon heute mit Menschen am Band zusammen. Volkswagen forscht jedoch nicht nur an deutschen Standorten. Wie Johann Jungwirth, der zuständige Manager des Konzerns, sagte, spielt vor allem das Forschungszentrum im Silicon Valley eine wichtige Rolle:

„Mit dem Future Center California unternimmt Volkswagen einen wichtigen Schritt, um bis zum Jahr 2025 zu einem der führenden Anbieter nachhaltiger Mobilität zu avancieren." Künstliche Intelligenz werde eine maßgebliche Rolle spielen, wenn das Unternehmen die Lösungen für Digitalisierung und Konnektivität rapide ausbaut. Die Einrichtung im Silicon Valley in Kalifornien wird nach den Wolfsburger Plänen als Dreh- und Angelpunkt für modernes Design, ein fortschrittliches Benutzererlebnis und die neuesten Technologien fungieren. Der Konzern unterhält noch zwei weitere Future Center: die Schwestereinrichtungen in Potsdam und in der chinesischen Hauptstadt Peking.

Während der Technologiekonferenz „Web Summit 2017“ in Lissabon hat Volkswagen überdies bekannt gegeben, künftig auch mit dem Internetkonzern Google zusammenzuarbeiten in der Erforschung der Zukunft der Mobilität und des selbstfahrenden Autos. Entwicklungstechniker von Volkswagen werden für ihre Arbeit einen Quantencomputer von Google nutzen. Volkswagens IT-Chef Martin Hofmann sagte dazu, die Quantencomputer-Technologie eröffne neue Dimensionen. „Sie ist die Beschleunigungsspur für Zukunftsthemen.“ Volkswagens Fachleute wollen demnach auf dem Google-Quantencomputer Materialstrukturen für leistungsstarke Batterien für Elektroautos, neue Verfahren der Künstlichen Intelligenz für das automatische Fahren und neue städtische Verkehrsleitsysteme für die Fahrzeuge des Unternehmens entwickeln. „Durch die Zusammenarbeit mit Google kommen wir diesem Ziel einen großen Schritt näher“, sagte Hofmann. Quantencomputer sind anders konstruiert als herkömmliche Rechner. Wo diese an ihre Grenzen stoßen, wenn es darum geht, hochkomplexe Aufgaben zu lösen, kann der Quantencomputer ungleich anspruchsvollere Rechenoperationen durchführen. Da er jeden Rechenschritt gleichzeitig durchführen kann, steigt seine Rechenleistung im Vergleich exponentiell. Diese Rechner, die in ihrer Hardware-Architektur den Lehren der Quantenmechanik folgen, sind allerdings sehr empfindlich und verlangen Spezialwissen. „Sie können viele hochkomplexe Aufgaben weitaus schneller lösen als herkömmliche Rechner oder ermöglichen überhaupt erst eine Lösung“, heißt es von Seiten Volkswagens. Die IT-Spezialisten von VW sollen auf dem Quantencomputer auch Systeme zur Optimierung des Verkehrs entwickeln, die dem Autofahrer schnellere Strecken, freie Parkflächen oder verfügbare E-Ladesäulen anzeigen. „Intelligente Verkehrsführung kann

Autofahrer und Städte sinnvoll unterstützen", erklärte Florian Neukart vom IT-Labor des Konzerns in San Francisco. Unterstützung erhoffen sich auch Entwicklungsingenieure von Volkswagen, die im Werk in Salzgitter Batterien erforschen. „Volkswagen hat das Ziel, Marktführer in der Elektromobilität zu werden", macht Forschungsleiter Ulrich Eichhorn das Ziel klipp und klar.

Das ganz alleine fahrende Auto

Vor etwas mehr als acht Jahren begann der amerikanische Internetkonzern Google mit seiner Arbeit an selbstfahrenden Autos. Das Unternehmen hat seither große Fortschritte gemacht: Seine Roboterfahrzeuge haben mehr als fünf Millionen Kilometer auf öffentlichen Straßen absolviert, und die Sicherheitsbilanz ist gut. Anders als beim Elektroautohersteller Tesla, dessen System für autonome Steuerung eine Rolle in einem tödlichen Unfall spielte, gab es mit selbstfahrenden Google-Autos bislang nur vergleichsweise harmlose Zwischenfälle, etwa eine Kollision mit einem Bus, die nur einen Blechschaden zur Folge hatte. Seit knapp anderthalb Jahren sind die einst von Google begonnenen Aktivitäten rund um autonomes Fahren in Waymo gebündelt, einer eigenen Einheit in Googles Mutterholding Alphabet.

Gegen Ende des vergangenen Jahres vermeldete Waymo einen weiteren großen Schritt: Der Vorstandsvorsitzende John Krafcik gab bekannt, dass das Unternehmen seine Roboterautos mit leerem Fahrersitz testet. Bislang waren Fahrer am Steuer, die eingreifen konnten, wenn es nötig wurde. Künftig sollen Passagiere alleine in einem Roboterauto des Unternehmens unterwegs sein können. Die Tests finden zunächst in der Stadt Phoenix im amerikanischen Bundesstaat Arizona statt. Das ist ein gutes Testgebiet für die Technologie, denn hier ist das Wetter recht vorhersehbar und trocken. Waymo verwendet dafür umgerüstete Minivans des Modells Chrysler Pacifica. Mit dessen Hersteller Fiat Chrysler Automobiles arbeitet das Unternehmen seit einiger Zeit rund um das autonome Fahren zusammen. Die Roboterautos in Phoenix sollen zunächst als ein Fahrdienst in der Art von Uber unterwegs sein. Waymo kündigte allerdings auch an, seine Technologie nicht nur für solche Angebote nutzen zu wollen, sondern auch am Einsatz in öffentlichen Verkehrsmitteln und Privatautos zu arbeiten.

Mit dem Test in Phoenix erreicht Waymo eine neue Dimension des autonomen Fahrens, das Unternehmen selbst stuft das System als „Level 4“ ein auf der international anerkannten Skala. Damit ist gemeint, dass sich ein Auto in den meisten Szenarien vollständig selbst und ohne Fahrer steuern kann. Womöglich untertreibt das Unternehmen mit seiner eigenen Einschätzung jedoch. „So, wie Waymo das darstellt, wäre das Roboterauto eigentlich Level 5 und nicht Level 4 – ein Fahrer muss danach nicht mehr im Auto sein“, sagt Christian Müller, Experte für autonomes Fahren am Deutschen Forschungszentrum für Künstliche Intelligent (DFKI). Während andere Autohersteller auch an Systemen auf niedrigeren Automatisierungsstufen arbeiten, in denen der Fahrer noch stärker eingebunden ist, versucht Waymo, direkt zum ganz allein fahrenden Auto zu gelangen. Das Unternehmen argumentiert, dass Fahrer in teilautomatisierten Autos zu abgelenkt seien, um notfalls schnell genug ins Geschehen eingreifen zu können.

„Nichts anderes als volle Autonomie wird funktionieren“, sagte Krafcik. „Technisch ist das sowieso möglich, beziehungsweise fehlt nicht mehr viel. Die Frage ist eher: Wer erlaubt das als Erstes, wer traut sich?“, schränkt DFKI-Fachmann Müller indes ein. Und meint damit vornehmlich die Methoden der Künstlichen Intelligenz, die dafür erforderlich sind, und die Daten, die es braucht, um die schlauen Computerprogramme zu „trainieren“. Die beteiligten Unternehmen lassen sich mittlerweile darauf ein, dass viel an Simulatoren geschehen wird, wie das auch Waymo macht. „Die Industrie akzeptiert, dass wir nicht um synthetische Daten herumkommen, um den Autos das autonome Fahren beizubringen.“ Es gehe mittlerweile nämlich auch nicht mehr darum, in normalen Verkehrsverhältnissen „noch eine Million Kilometer mehr Fahrerfahrung zu sammeln oder zwei“, so Müller: „Entscheidend sind die kritischen Verkehrssituationen, die selten vorkommen und über die es bislang darum nicht viele Daten gibt.“ In diesem Bereich ist die deutsche Autoindustrie seiner

Ansicht nach übrigens voll auf Augenhöhe mit den Technik-Profis von Google.

Gleichwohl verfolgen die deutschen Konzerne natürlich auch genau, was Waymo von seinen selbstfahrenden Autos zeigt. In dem Vorläuferauto von Google, damals noch eine Art Knutschkugel, steckte zum Beispiel viel Technik von Bosch, von Sensoren über Radartechnik bis hin zur Leistungselektronik. Inzwischen ist Bosch selbst vorn mit dabei, das autonome Fahren zu erforschen: Seit April 2017 existiert offiziell eine Entwicklungspartnerschaft mit dem Autohersteller Daimler – und längst eine Flotte Testwagen autonom unterwegs, in Kalifornien und in der Region Stuttgart. „One more Weihnachtsgeschenk" schrieben die Daimler-Presseleute erkennbar beglückt über eine Mitteilung vom 30. Dezember 2016, in der darüber berichtet wurde, dass das Regierungspräsidium Stuttgart voll autonomes Fahren auf öffentlichen Straßen erlaubt, um die Technik zu erproben.

Die Testwagen fallen nicht großartig auf. Ganz ohne Fahrer nämlich fahren die Mercedes-Autos nicht. „Aus Sicherheitsgründen" müssen immer zwei speziell geschulte Fahrer im Auto sitzen. Was diese dann konkret tun, ist damit noch nicht gesagt. „Notaus"-Knöpfe lassen sich auch von der Rückbank betätigen. Aber, so wird seitens des Unternehmens betont, die Mercedes-Entwickler sind ja am Arbeiten, während sie im Auto sitzen. Wer jetzt wirklich weiter ist mit seiner Entwicklungsarbeit, will man bei Daimler nicht abschätzen. Während von Waymo überhaupt nicht bekannt sei, an wen und zu welchem Preis welches System für autonomes Fahren verkauft werden könnte, lautet der klare Plan des Duos Bosch-Daimler, Anfang der 2020er Jahre ein System für autonome Fahrzeuge serienreif zu haben. Erster Anwendungsfall soll eine Art Taxiservice sein, eine Weiterentwicklung des heutigen Car2Go-Prinzips, das kurzfristige Autonutzung gewährleistet.

Siemens sucht den intelligenten Agenten

Die Gasturbine weiß, wie sie sich zu benehmen hat. Schonend soll sie arbeiten, viel Strom erzeugen, dafür aber den Ausstoß an giftigen Stickoxiden minimieren. Verhält sie sich auch so, wird sie belohnt. Sie bekommt Punkte gutgeschrieben. Gibt sie sich mürrisch, belastet Umwelt und Material ungebührlich, folgt die Strafe – Punktabzug. Mit jeder neuen Einstellung und Anweisung lernt die Turbine dazu. „Tiefgehendes Lernen" (Deep Learning) heißt das. Die programmierte Selbstkasteiung soll die Maschine disziplinieren. Diese Form von Zucht und Ordnung heißt „bestärkendes Lernen" (Reinforcement Learning). Siemens bietet Kraftwerkskunden einen Service an, mit dem Künstliche Intelligenz den Betrieb optimiert und das Material einer solch teuren und wartungsintensiven Gasturbine pfleglich behandelt.

Windturbinen erkennen Luftströmungen und stellen eigenständig, ohne Hilfe von außen, ihre Rotoren nach ständig wechselnden Winden ein. In der Medizintechnik helfen animierte Bilder bei Operationen in Echtzeit, unterstützen Ärzte in der Auswertung Tausender Röntgenbilder. Hochgeschwindigkeitszüge der jüngsten ICE-Generation von der Deutschen Bahn sind bespickt mit Sensoren, um die Instandhaltungszeiten mit vorausschauenden Serviceintervallen zu verkürzen. Fehlt nur noch, dass die Züge von selbst auf das Abstellgleis in die Wartungshalle fahren. Die äußerst schwierige Konfiguration von Stellwerken für Bahnhöfe wird durch ein System erleichtert, das die selbstständige Architektur von Software und Hardware unter Einhaltung aller Sicherheitsbestimmungen übernimmt. Für Stahlwerke gibt es eine auf Basis Künstlicher Intelligenz erstellte, extrem komplexe Qualitätskontrolle. Da können sich die Investitionen in aufwendig und teuer entwickelte Systeme angesichts des hohen Einsparpotentials rechnen.

Dieses selbstlernende System ist nicht die jüngste große Siemens-Innovation. Seit dem Jahr 1995 ist das künstlich-intelligente Siemens-System in 30 Stahlwerken auf dieser Welt installiert worden. „Seit 30 Jahren arbeitet Siemens an und mit der Künstlichen Intelligenz, und wir sind immer drangeblieben“, sagt Michael May, ganz der Siemens-Mann, Leiter des Technologiefeldes Künstliche Intelligenz in der Forschungs- und Entwicklungsabteilung des Konzerns. Und das, obwohl er erst seit vier Jahren dabei ist, sich zuvor mit dem gleichen Thema bei der Fraunhofer-Gesellschaft in Bonn auseinandersetzte. May unterstehen ungefähr 200 Mitarbeiter, die sich mit Datenanalyse und KI befassen. Es könnten mehr sein, da sie als Impulsgeber immer wichtiger im Unternehmen werden und nach kommerziellen Einsätzen von Deep Learning und Reinforcement Learning in den zahlreichen Anwendungsgebieten suchen.

Diejenigen Forscher und Entwickler, die in den neunziger Jahren am System für Stahlwerke laborierten, tüfteln heute noch in Mays Abteilung. Die wird noch an Gewicht gewinnen. Konzernvorstand Roland Busch, verantwortlich für Technologie und Strategie, hat im Mai des vergangenen Jahres die Neuordnung der Forschung und Entwicklung mit einer Konzentration auf 14 (statt bislang 50) Technologiefelder angekündigt. „Datenanalyse und Künstliche Intelligenz“ gehört zu einem dieser nun als besonders wichtig eingestuften Themen. Schon seit vielen Jahren erarbeiten Mitarbeiter aus dem Stab Mays, darunter Lehrbeauftragte an der Technischen Universität München (TUM) sowie an der Ludwig-Maximilians-Universität München (LMU), neue Algorithmen. Auf der Suche nach „Domänen“ (May) prüfen sie den Einsatz von KI, transferieren Forschungsergebnisse in Anwendungen, erstellen Prototypen und Piloten. Die werden von Softwareentwicklern, von denen es im Konzern immerhin 21.000 gibt, in die Realität umgesetzt. Bis zur „letzten Meile“, also der kommerziellen Reife, begleitet die Abteilung die Projekte. Hoch im Kurs stehen derzeit Projekte in der Fabrikautomation (Division Digital Factory), der Mobility (Bahntechnik), in der Gebäudetechnik sowie der Medizintechnik mit ihren bildgebenden Verfahren (Kernspin- oder Computertomographie) wie auch der Diagnostik.

Und doch befindet sich alles trotz 30 Jahren Erfahrung im Frühstadium. „Die Amöben der Künstlichen Intelligenz sehen wir schon", beschreibt May, wie er den aktuellen Stand sieht. „Wir stehen noch am Anfang einer Entwicklung, die viele Jahre dauern wird. Doch haben wir nachweisbare Erfolge und Beispiele dafür, dass KI im Industriealltag funktioniert." Der Forscher bringt es auf den Punkt: „So gesehen ist sie nicht Science-Fiction, sondern Realität." Man sei im Übergang von der Forschung zur Anwendung. „Wir erproben Möglichkeiten und Grenzen. So explorieren wir, wo KI heute einzusetzen ist, wo nicht." Die selbstlernende Turbine befindet sich im „erweiterten Test", wird von mehreren Kunden in unterschiedlichen Leistungsgrößen unter realen Bedingungen ausprobiert. Die Windturbine, über deren Lernfähigkeiten man vor drei Jahren begann nachzudenken, befindet sich im „Feldtest". Die künstlich-intelligent unterlegte Konfiguration von Stellwerken gibt es schon seit 15 Jahren.

Die Durchbrüche und die schnellen Fortschritte bei Suchmaschinen, in der Sprach-, Bild-, Personen- oder Dokumenten-Erkennung bis hin zu detaillierten Textanalysen bringen KI in der Anwendungsbreite immer schneller voran. IBMs Computer Deep Blue schlug den Schachweltmeister Garri Kasparow. Die KI-Unternehmung Deepmind hat mit dem Programm AlphaGo (dessen Weiterentwicklung AlphaZero es längst gibt) im Brettspiel Go die Weltspitzenspieler geschlagen. Aber „die Erprobung in der Spielewelt ist einfacher, weil sie geordneter und strukturierter abläuft als das Umfeld draußen in der Realität", sagt May. „In der Industrie oder beim autonomen Fahren geht es mit Unmengen unterschiedlichster Einflüsse chaotischer zu, bedingt allein durch die Vernetzung zahlreicher verschiedener Elemente und Systeme.“ Zwangsläufig dauere es in der wirklichen Welt länger, Prozesse zu entwickeln und notwendige Daten im großen Umfang zu erfassen. Vor allem jedoch kann, von einem angeschlagenen Image abgesehen, im Spiel wenig kaputtgehen. Fehler können in einem Stahlwerk, bei einer Gasturbine, im Zug oder in der Medizintechnik hohe Schäden verursachen.

Die reale Welt ist wesentlich komplexer, vor allem aber unberechenbarer, anders als ein Schachbrett mit 64 Feldern, auf denen Figuren nach fest vorgeschriebenen Regeln verschoben werden. Das ist die Herausforderung der künstlichen neuronalen Netze, die den Nervenzellen im Gehirn nachempfunden werden, und des maschinellen Lernens, die die Interpretation von Daten und das Treffen von Entscheidungen erst ermöglichen. „Die Herausforderung in der Zukunft wird sein, dass KI mit weniger Daten und auch mit weniger Beispielen lernen kann“, sieht May noch reichlich Aufgaben. Das würde die Komplexität verringern und die Geschwindigkeit der Prozesse erhöhen. „Algorithmen tun sich immer noch schwer, da sie gigantische Mengen an Daten benötigen.“ Die Aufgabenstellung müsse daher lauten: „Intelligente Agenten, die etwa unterschiedliche menschliche Fähigkeiten abbilden, könnten vernetzt werden und interagieren.“ Das würde die Effizienz des Lernens erhöhen. Maschinen können lesen, hören, sehen. Doch alles zusammen mit der für den Menschen so alltäglichen Kombinatorik, das kann selbst der intelligenteste Roboter nicht. Gelänge eine derartige Verknüpfung, käme es zu einen riesigen Schub in der Weiterentwicklung der Künstlichen Intelligenz. Schon in der Bilderkennung zeigen sich die Grenzen: Es mag vielleicht Millionen unterschiedliche Bilder von Tieren geben, die ein datenhungriger Computer angesichts der heute enormen Speicherkapazitäten aufnehmen kann. Daten oder Bilder von defekten Gasturbinen hingegen gibt es nur wenige, womit es schlicht an Lernmaterial mangelt.

Die Komplexität, der enorme Bedarf an Daten und die schwer zu bewältigende Analyse haben Forscher schon vor dreißig Jahren zur Verzweiflung gebracht. Viele Unternehmen wie General Electric oder auch Daimler haben genauso früh wie Siemens die Herausforderungen der Künstlichen Intelligenz auf sich zukommen sehen. Heute aber gehört der Münchner Konzern, neben dem deutschen Softwareentwickler SAP, durchaus zu denjenigen, die vorne stehen. In anderen Unternehmen fiel die Forschung und Entwicklung oftmals wegen fehlender Erfolge und Ergebnisse als kleine Abteilungen in Hinterzimmern auch den immer wieder stattfindenden Restrukturierungsrunden zum Opfer. Derlei Umbauten hat es im Hause Siemens mehr als genug gegeben. Künstliche Intelligenz blieb aber immer ein Thema. Die selbstlernende Qualitätskontrolle in Stahlwerken sollte so zu einem Segen werden. „Der Einsatz der Systeme ist ein kommerzieller Erfolg", sagt May. Schon immer gewesen. „Es gab die realen Fälle, die Geld eingespielt und somit die Forschung refinanziert haben."

Alexa, mach meine Steuer!

Das ist eines der verführerischen Versprechen, das der Internetkonzern Amazon in seinem Newsletter über seinen cleveren Sprachassistenten verbreitete. „Neues von Alexa" teilt Amazon seinen Kunden regelmäßig mit, und damit sind stets Erfolgsmeldungen über die neuesten Fähigkeiten, die „Skills", dieses zylinderförmigen Geräts gemeint. Mittlerweile verfügt Alexa über Zigtausende Skills. Dass sie auf Kommando aus dem Internet Musik und Hörbücher abspielt, mit etwas scheppernder Stimme Witze erzählen und Erkenntnisse zum Tag verbreiten kann, daran hat man sich schon gewöhnt. Nun war also auch die Fähigkeit zum Vervollständigen der Steuererklärung hinzugekommen, die ja selbst den meisten Steuerpflichtigen aus Fleisch und Blut nicht gegeben ist.

Doch die Ernüchterung stellte sich bald darauf ein: Ausfüllen muss man die Formulare noch immer selbst, etwas anderes ist von einem Sprachassistenten auch kaum zu erwarten. Hinter der neuen Fähigkeit verbirgt sich vielmehr eine Anwendung des Anbieters Smartsteuer, mit der allerlei Wissenswertes über die Steuererklärung zusammengetragen werden kann. Das hat durchaus seinen Reiz: So erfährt man auf Zuruf, ob man die neue Brille von der Steuer absetzen kann oder die Kosten für die Putzfrau. Nicht mehr, aber auch nicht weniger. In dem Hoffen auf steuerrechtliche Hilfe zeigen sich Reiz und Dilemma der Künstlichen Intelligenz, die nun auch in Alexa oder den Konkurrenzangeboten steckt. Es gibt kaum ein großes Technologieunternehmen, das derzeit nicht an dieser Technik arbeitet. Google hat eine selbstlernende Software entwickelt, die „Google Assistant" heißt und in einem kerzenförmigen Gerät als „Google Home" verkauft. Apple will mit dem „Homepod" trumpfen. Die großen Unternehmen in Fernost sind ebenfalls aktiv, zum Beispiel der chinesische Internetkonzern Alibaba mit dem „Tmall Genie".

All dies ist Ausfluss der Anstrengungen von Amazon & Co., auch die breite Masse für den Fortschritt im Bereich der Künstlichen Intelligenz zu begeistern. Dafür stecken sie die selbstlernende Software in optisch ansprechende Geräte, ausgestattet mit Richtmikrofonen und Lautsprecher, die einen Platz auf den Ess- und Küchentischen der Kunden einnehmen, um stets zu Diensten zu sein. Das führt zu einer delikaten Frage: Was wissen die kleinen Dinger über uns? Die Antwort ist ziemlich eindeutig: Ist das Gerät am Strom angeschlossen und angestellt, hört es immer mit. Die Daten werden allerdings erst dann ins Amazon-Rechenzentrum übertragen, wenn Alexa ihren Namen hört und ein blauer Ring zu leuchten beginnt. Ohne Datenübertragung geht es indes auch nicht, denn in der Cloud lagern alle ihre Fähigkeiten.

Die Sprache ist dabei der Dreh- und Angelpunkt der Assistenten: Sie gibt dem Gerät so etwas wie Persönlichkeit. Ganze Abendgesellschaften haben sich schon köstlich mit Alexa amüsiert, Kindergeburtstage sowieso. Die Spracherkennung ist jedoch nicht nur Spaßfaktor, sondern noch immer eine besondere Herausforderung für die selbstlernenden Computer. Denn die menschliche Stimme ist mit all ihren Höhen und Tiefen, Dialekten und Eigenheiten bei der Aussprache gar nicht so leicht zu dechiffrieren. Alexa muss deshalb buchstäblich lernen, ihre Kunden zu verstehen. Das tut sie durch jeden Befehl und jede Konversation. Je öfter man mit Alexa spricht, desto mehr versteht sie. Nur merkt man das manchmal erst mit Verspätung. Deshalb kann es sein, dass sie wochenlang nicht einmal einfaches Plusrechnen hinbekommt und dann plötzlich sogar Wurzeln zieht.

Das führt zu einer ungewohnten Situation: Man verliert schnell den Überblick, was die kleinen Geräte alles können. Ein Auto kann fahren und hat ansonsten noch einige Annehmlichkeiten, von denen der Fahrer spätestens erfährt, wenn er die Gebrauchsanweisung zur Hand nimmt. Wenn es um Alexa geht, kann man nie sicher sein, was sie alles kann; auch deshalb, weil Amazon die zusätzlichen Fähigkeiten ständig ausbaut – mit Hilfe externer Dienstleister. Die „Smart Home"-Anwendung ist dabei nur eine von vielen. Auf Kommando kann man damit die Heizung regulieren, das Licht an- und ausschalten oder die Rollläden schließen. Wenn man willens ist, seine Wohnung dafür umzurüsten, was aufwendig ist und selten frei von Geburtsfehlern. Einfacher ist es, einige der unzähligen zusätzlichen Fähigkeiten zu nutzen, die Alexa & Co. inzwischen im Programm haben. Das Prinzip ist das gleiche wie im Smartphone auch, nur ist es diesmal die Stimme, welche die App öffnet. Es genügt der Befehl: „Alexa, öffne" diese oder jene Anwendung, und schon lassen sich Börsenkurse abfragen, wahlweise Taxis oder Pizzen bestellen oder ein Quiz spielen. Das freilich ist vor allem gute alte Programmierarbeit.

Künstliche Intelligenz ist „work in progress", deshalb räumen die Verantwortlichen in den Konzernen in ungewohnt bescheidener Art ein, ihre Geräte seien noch im unfertigen Zustand. Computer dazu zu bringen, sich selbst Fähigkeiten zu erarbeiten, ist immer noch mühsam. Vor allem braucht man den Konsumenten, der die Maschinen immer wieder „trainiert" und damit das liefert, was sie für diesen Prozess brauchen: riesige Datenmengen. Und dafür soll man auch noch zahlen: Die Preise für die Geräte liegen meist im dreistelligen Bereich. Dafür werden die Geräte allerdings auch immer schlauer. Und es ist ganz und gar nicht auszuschließen, dass sie wirklich irgendwann die Steuer erledigen können.

Künstliche Intelligenz statt Wörterbuch

Gereon Frahling stand mitten in New York. Er hatte in Köln Mathematik studiert und in Paderborn in Informatik promoviert. Der Internetkonzern Google holte ihn nach Amerika. Frahling wusste viel über Computer und Software. Algorithmen für Big-Data-Analysen waren seine Spezialität. Nun aber hatte er ein Problem: Er verstand die New Yorker kaum. Sein Englisch war gut, doch der Slang im Big Apple schwierig. Breite Vokale und verschluckte Konsonanten, Wörter und Phrasen, die nur ein New Yorker versteht – Frahling suchte nach guten Wörterbüchern. Erst auf Papier, dann im Netz. Alles, was er fand, half nicht weiter.

Die Bücher waren schwer, das Netz nicht sehr ergiebig. Die Erklärungen waren zwar detailliert, doch oft kaum hilfreich. Nichts übersetzte die Worte im Kontext. „Ich dachte mir: Das kann doch nicht sein", sagt Frahling in der Rückschau. Er machte sich einen Plan, warf nach einem Jahr den Job bei Google hin und machte sich an die Arbeit. Zehn Jahre später ist er wieder in Köln. Mit DeepL hat er hier seine eigene Firma. Die hat 22 feste und 400 freie Mitarbeiter und ein paar langfristig orientierte Anteilseigner. Auch hat er eine Suchmaschine und eigene Algorithmen. Sein Übersetzungsdienst Linguee machte sich vor Jahren schon unter Millionen Nutzern einen Namen. Mit seinem Dienst DeepL legte er noch einmal nach. Übersetzung in vielen Sprachen und in alle Richtungen. Ein Leitfaden durch das Sprachgewirr der Welt. Das DeepL-System erkennt die Quellsprache von selbst. Kein Wunder: Das System arbeitet wie ein Gehirn. Künstliche Intelligenz. So kann es nicht nur rechnen und riesige Mengen Daten verarbeiten. Es kann seine Fehler auch korrigieren und sich selbst optimieren. DeepL übersetzt ein Stück Shakespeare oder ein Gedicht von Goethe, Börsenberichte, wissenschaftliche Aufsätze, Zeitungsartikel von einer Sprache in die andere. Mit seinem Dienst fordert Frahling seinen einstigen Arbeitgeber heraus

– auf dessen eigenen Feldern: Künstlicher Intelligenz (KI) und Sprachübersetzung (SÜ).

Der Google-Vorstandsvorsitzende Sundar Pichai zum Beispiel hat Künstliche Intelligenz längst zur Schlüsseltechnologie des Unternehmens erklärt. Internetsuche, Datenanalyse, Prognosen – alles wird mit KI gesteuert. Allein der Übersetzungsdienst Google Translate ist mit 140 Milliarden nachgeschlagenen Wörtern am Tag einer der ganz großen Dienste des Konzerns. Die Übersetzungen sind gut, doch die von DeepL sind nach einigen Testversuchen besser, welche die Frankfurter Allgemeine Zeitung vor der Markteinführung von DeepL machen konnte.

Der Markt für Übersetzungsdienstleistungen und Wörterbücher aller Art ist allein in Deutschland rund eine Milliarde Euro groß. In aller Welt werden nach Angaben des Beratungshauses Comon Sense Advisory damit rund 35 Milliarden Euro erlöst. Geschätzte 80 Prozent aller deutschen Industrieunternehmen haben Bedarf an Dolmetsch- und Übersetzungsleistungen. In Deutschland gibt es nach Angaben des Bundesverbandes der Dolmetscher und Übersetzer wiederum rund 40.000 Dolmetscher und Übersetzer. Die technischen Möglichkeiten rund um Computer und Software haben die Branche kräftig durcheinandergewirbelt. „Google ist natürlich der Riese“, sagt Frahling. „Und wir sind der Zwerg. Doch mit dem Aufkommen der KI stehen alle wieder an der gleichen Startlinie.“ Mit künstlichen neuronalen Netzen sind in den vergangenen Jahren gewaltige Fortschritte in der KI-Forschung gemacht worden. Im Erkennen von Bildern, von Wörtern oder ganzen Texten etwa. Linguee steht übrigens bald seit neun Jahren als Dienst auf einer Website im Internet. Derzeit verbucht sie im Jahr rund zwei Milliarden Anfragen. „Damit haben wir einen riesigen Datenschatz aufgebaut“, sagt Frahling. Ein Schatz, der nun gehoben wird. „Wir haben unser System mit Milliarden von Übersetzungen gefüttert, die kein Mensch während einer Lebenszeit auch nur anzusehen vermag." Die Suchmaschine hat alles mit einem Klick parat. Dafür ist sie mit einem speziellen Programm ausgestattet, einem sogenannten Webcrawler. Der durchsucht das Internet nach zweisprachigen Texten, analysiert und zerlegt sie in ihre Bestandteile, Absätze, Satzpaare und Worte. Er bewertet sie nach der Qualität der jeweiligen Übersetzung. Er lernt mit ihnen. Das System arbeitet mit Hilfe von Musterkennung. Die dazu notwendigen Algorithmen sind wie in einem Hochhaus auf mehreren Etagen platziert. Wie die Neuronen in einem Gehirn sind sie vielfach miteinander verbunden. So können sie aufeinander einwirken. Der Nutzer gibt nur noch seine Aufgabe ein. Wörter, Sätze, ganze Texte. Die Antwort kommt blitzschnell.

Programmieren für Fünfjährige – das geht

Einmal in der Woche gehen die beiden Freunde Samuel und Dusan, acht und neun Jahre alt, vom Hort nicht direkt nach Hause, sondern ins „Robo-Studio“ im Frankfurter Süden. Sie kommen dort mit der Technik hinter Künstlicher Intelligenz in Kontakt, denn sie besuchen einen Programmierkurs speziell für Kinder. Hände huschen über Tablet-Bildschirme, gerade knobeln die beiden daran, wie ein Bauer seine Tiere von der Weide in den Stall bringt. Das müssen sie konkret programmieren: Die Bauern-Figur muss lernen, wie sie zu ihren Tieren gelangt, das dann machen – und dann setzen sich die Schweine, Pferde und Hühner in Bewegung.

Informatik ist schon heute enorm wichtig. Und wird künftig noch bedeutender werden. Gerade „Scratch“, wie das Programmierangebot und der gleichnamige Kurs in Frankfurt heißen, wird von prominenter Seite empfohlen als Einstiegsmöglichkeit für die ganz Kleinen. „Es gibt Instrumente, die eingesetzt werden können, um kleinen Kindern Programmieren beizubringen, zum Beispiel die visuelle Programmiersprache Scratch. Ich bin kein Spezialist in Pädagogik, aber ich hätte so ein Werkzeug sehr gerne ausprobiert, als ich noch ein Kind war“, sagte Yann LeCun einmal – er ist KI-Forschungschef von Facebook und einer der Pioniere auf dem Feld.

Das Robo-Studio ist ein Start-up und ein kleiner Familienbetrieb, der im März des vergangenen Jahres seine Türen geöffnet hat. Familie Barthel hat dafür Räume im eigenen Haus umgebaut, die nach dem Auszug der eigenen Kinder frei geworden sind. Dort stehen nun Beamer, Laptops, Tablets, 3D-Drucker, Lego-Roboter und alle möglichen anderen technischen Dinge, die für die vielfältigen Kurse für Kinder und Erwachsene benötigt werden. „Die Idee, so etwas anzubieten, hatten wir schon seit sechs oder sieben Jahren“, sagt Detlev Barthel, der selbst Diplomphysiker ist. „Jetzt, wo wir die Räumlichkeiten haben, konnten wir unsere Idee verwirklichen.“ Die Betreiber beschäftigen zudem einen Trainer, der Computertechniker ist.

Samuel und Dusan sitzen an einem der ovalen Tische und programmieren und probieren fleißig aus. Sie passen ganz und gar nicht in das klassische Nerd-Klischee. „Am Anfang war noch ein dritter Freund dabei, der möchte jetzt aber lieber spielen“, sagt Samuel. Während er mit seinem Trainer darüber spricht, wie es auf dem Computer-Bauernhof weitergehen soll, erzählt Dusan, dass seine Lieblingsschulfächer Sport und Mathe sind. Zwischen Huhn und Hund schnappt er eine Frage von Samuel auf und gibt ihm einen Tipp, wie er sein derzeitiges Problem lösen könnte.

Das Programmierangebot „Scratch Jr“ haben sich Entwickler am Massachusetts Institute of Technology und der Tufts University in Boston ausgedacht. „Scratch“ ist als kostenfreie App für Apple und Android erhältlich. Durch dieses Instrument können Kinder spielerisch kennenlernen, worum es in der Informatik geht. Ein Beispiel: Wenn etwa der Bauer auf das Feld des Schweins läuft, so soll dieses in die Scheune laufen – das ist ein klassisches „if, then“ der Programmierung. „Scratch Jr“ ist dabei die Version für die ganz Kleinen, für Kinder ab fünf Jahren, die dafür weder lesen noch schreiben zu können brauchen. Die Befehlsfelder sind alle bebildert und können per „Drag and Drop“ aneinandergereiht werden. Der Anteil an Schülern von internationalen Schulen sei in seinen Kursen meist besonders hoch, da unter deren Eltern das Bewusstsein für Informatik besonders ausgeprägt sei. Bis zu sechs Kinder können an einem Kurs teilnehmen, betreut werden sie stets von zwei Trainern. Und längst nicht nur Jungen machen mit, sondern auch viele Mädchen, sagt Familienunternehmer Barthel.

Besonderen Wert legt er auch darauf, nicht stur nach Konzept vorzugehen. „Wir gehen auch auf die individuellen Interessen der Kinder ein.“ Samuel und Dusan interessieren sich sehr für Labyrinthe, durch die ein Spielstein mit selbstprogrammierten Tasten hindurchmanövriert werden muss, ohne dass dieser mit der Wand kollidiert. Nachdem sie ihre Tiere in die Scheune programmiert haben, arbeiten sie deswegen gerne an neuen Labyrinth-Leveln. Der Aufwand ist übrigens ebenfalls überschaubar: Ein „Scratch Jr"-Kurs beinhaltet vier jeweils zweistündige Termine.

Der Chiphersteller der Künstlichen Intelligenz

Vor einigen Jahren hat sich der amerikanische Halbleiterkonzern Nvidia eine hübsche Demonstration einfallen lassen, um zu veranschaulichen, was seine Produkte können. Das Unternehmen ist auf Grafikkarten spezialisiert, die sich von herkömmlichen Mikroprozessoren dadurch abheben, dass sie viele Rechenschritte parallel ausführen können. Nvidia zeigte den Unterschied am Beispiel zweier Paintball-Apparaturen, die Farbe auf eine Leinwand schießen und so ein Kunstwerk erstellen. Die Maschine, die gewöhnliche Chips repräsentierte, feuerte nacheinander Farbkugeln ab, und es dauerte eine ganze Weile, bis ein Gesicht zu erkennen war. Das Gegenstück für Grafikkarten schoss gleichzeitig aus Hunderten von kleinen Röhren, und in einem Bruchteil einer Sekunde verwandelte sich die leere Leinwand in ein „Mona Lisa"-Gemälde.

Dieser Anschauungsunterricht, der bis heute auf der Videoseite Youtube zu sehen ist, datiert in eine Zeit zurück, in der sich der Einsatz der Nvidia-Grafikkarten weitgehend auf ein Gebiet beschränkte. Sie waren vor allem dazu gedacht, Grafiken in aufwendigen Computerspielen realistisch darzustellen. Deshalb war das Unternehmen lange Zeit vor allem Spielefanatikern ein Begriff. Aber in den vergangenen Jahren hat es sich völlig neu erfunden. Videospiele bleiben ein wichtiges Geschäft, aber viel mehr lässt Nvidia heute mit seinen Aktivitäten rund um Künstliche Intelligenz aufhorchen, denn: Die Führung des Unternehmens hat realisiert, dass die Grafikprozessoren mit ihrer Fähigkeit, viele verschiedene Aufgaben gleichzeitig zu erledigen, sich bestens dafür eignen. Daher kann Nvidia nun auf Zukunftsmärkten wie autonomes Fahren oder Cloud Computing mitmischen, in denen Künstliche Intelligenz eine große Rolle spielen. Das hat auch die Anleger an der Börse hellhörig gemacht. Jahrelang hat sich der Kurs von Nvidia kaum bewegt, im Jahr 2016 hat er sich auf einmal verdreifacht, im vergangenen Jahr dann noch einmal um 80 Prozent erhöht. Nvidia schürt die Begeisterung mit glänzenden Geschäftszahlen.

Die wachsende Bedeutung Künstlicher Intelligenz ist für Nvidia ein Glücksfall. „Ansonsten wären wir noch immer in erster Linie ein Spezialist für Videospiele", gibt Bryan Catanzaro zu, der als Vice President im Unternehmen für sogenanntes „Deep Learning" zuständig ist, das derzeit angesagte Teilgebiet der Künstlichen Intelligenz. So aber ist Nvidia in der Technologieindustrie in eine ganz neue Liga aufgestiegen, und der Vorstandsvorsitzende Jen-Hsun Huang ist zu einem Superstar in der Branche geworden. Im Januar des vergangenen Jahres beispielsweise bekam Huang den prominentesten Rednerplatz auf der Elektronikmesse CES in Las Vegas, und in seinen Auftritten gibt er sich als Visionär. „Was einmal Science-Fiction war, wird in den kommenden Jahren Realität", prophezeite er da etwa. Später sagte er den griffigen Satz: „Künstliche Intelligenz wird Software fressen." Damit meinte er, Künstliche Intelligenz werde in der Zukunft in jede Software einfließen, und jeder Softwareentwickler werde sich mit KI befassen müssen. Huang beschreibt Künstliche Intelligenz auch als „Automatisierung der Automatisierung", die in vielen Branchen für eine Revolution sorgen werde – von der Autoindustrie über Logistik bis hin zum Einzelhandel.

Er hat Grafikprozessoren, wie sie Nvidia produziert, auch einmal als Retter der ganzen Halbleiterindustrie dargestellt, denn sie sorgten für „ein Leben nach Moore's Law". Diese Faustregel für konventionelle Mikrochips besagt, dass sich die Zahl der Transistoren auf einem Siliziumchip in etwa alle zwei Jahre verdoppelt und damit die Leistungsfähigkeit entsprechend steigt. Aber der Halbleiterbranche fällt es in jüngster Zeit immer schwerer, den von Moore's Law vorgegebenen Zyklus einzuhalten, und der Nvidia-Chef meint, Grafikprozessoren könnten dafür einen Ausgleich schaffen und künftige Fortschritte in der Leistungsfähigkeit von Computern gewährleisten.

Huang, der sich öffentlich üblicherweise in schwarzer Lederjacke zeigt, hat Nvidia 1993 gegründet (an seinem 30. Geburtstag), und er ist seit dem ersten Tag Vorstandschef. Das ist in der amerikanischen Unternehmenswelt eine ungewohnte Kontinuität. Ursprünglich kommt er aus Taiwan, seine Eltern schickten ihn dann zusammen mit seinem Bruder nach Amerika, wo er zur Schule ging und später an der Stanford-Universität im Silicon Valley studierte. Mit Nvidia hat er eine Glanzkarriere hingelegt, und das Wirtschaftsmagazin „Forbes“ beziffert sein Vermögen dank der jüngsten Kursgewinne inzwischen auf mehrere Milliarden Dollar.

Bryan Catanzaro sagt, Nvidia arbeite an vielen Anwendungen für Künstliche Intelligenz. Das fange im Kerngeschäft mit Videospielen an, wo sie zum Beispiel helfen könne, natürliche Unterhaltungen zwischen Figuren zu ermöglichen. Auf dem Gebiet des autonomen Fahrens werde Künstliche Intelligenz unter anderem eingesetzt, um Objekte zu erkennen und ein Auto zu instruieren, wie es Hindernissen ausweichen soll. Catanzaro kann sich sogar vorstellen, dass sein Auto in nicht allzu ferner Zukunft nicht nur von selbst parken kann, wenn er zum Beispiel auf ein Konzert geht, sondern ihn dann auch pünktlich wieder abholt, wenn die Show vorbei ist, und obendrein weiß, ob er gerne hinterher essen gehen möchte. Auch Supermärkte, wie sie der Online-Händler Amazon derzeit testet, in denen Kunden nicht mehr an einer Kasse bezahlen müssen, weil Sensoren und Algorithmen ihre Einkäufe registrieren, könnten nach seiner Meinung schon in fünf Jahren gang und gäbe sein.

Vielen Menschen bereitet die KI-Revolution Sorgen, etwa weil sie fürchten, dass Arbeitsplätze verloren gehen. Die futuristischen Supermärkte etwa könnten Kassierern ihre Arbeit kosten, autonomes

Fahren könnte Lastwagenfahrer überflüssig machen. Catanzaro will das nicht von der Hand weisen. Er glaubt zwar nicht, dass ein ganzer Berufsstand von heute auf morgen verschwinden wird, gibt aber zu, dass Künstliche Intelligenz neue Herausforderungen auf dem Arbeitsmarkt schafft. „Viele Menschen werden feststellen, dass es weniger Arbeitsplätze auf dem Gebiet gibt, für das sie ursprünglich ausgebildet worden sind." Umso wichtiger sei es, sie mit Aus- und Weiterbildung für neue Aufgaben zu wappnen. Aber Catanzaro sagt, er hoffe, die Gesellschaft werde Künstliche Intelligenz letztlich als etwas Gutes sehen. Ihre Verheißungen seien groß, autonomes Fahren werde den Straßenverkehr viel sicherer machen. „Fortschritt hat einen Preis. Aber die Alternative ist Stagnation."

Künstliche Intelligenz und Industrie 4.0 – wie hängt das eigentlich zusammen?

Künstliche Intelligenz (KI) wird die vierte industrielle Revolution erheblich beschleunigen. Maschinen werden sich künftig erinnern, sie werden Muster erkennen und „vernünftig" reagieren. Als vierte industrielle Revolution (Industrie 4.0) bezeichnet man die digitale Vernetzung der Produktion und ganzer Wertschöpfungsketten vom Rohstofflieferanten über Zwischenverarbeiter und Endverarbeiter bis zum Verbraucher. Der gesamte Prozess wird digital begleitet und optimiert. Davon gibt es einiges schon heute: Die Rückverfolgbarkeit von Produkten bis zum Lieferanten gibt eine Ahnung davon. Künftig soll aber jedes Werkstück seine eigene Identität in einem Chip mit sich tragen. Dieser Chip enthält alle „persönlichen" Daten des Werkstücks, von seiner Herkunft über seine Bearbeitung bis zu seinem Endeinsatz und eventuell seiner Wiederverwertung.

Als Gegenstück werden auch alle Anlagen der industriellen Produktion ihre Identitäten über auslesbare Chips preisgeben: ihre Herkunft, ihre Kapazitäten, ihre Betriebsdaten oder Wartungsintervalle. Beide Systeme können sich gegenseitig erkennen und aus den erkannten Daten Schlüsse ziehen – haben also Fähigkeiten, die man früher nur Menschen zutraute. In der alten Welt der Automatisierung ging es darum, immer gleiche Vorgänge schneller abzuarbeiten. Die Maschine hatte keinen Entscheidungsspielraum. In der neuen Welt entscheiden Maschinen, welcher Arbeitsschritt notwendig ist, allerdings bisher noch im Rahmen vorgegebener Modelle und Muster. Ein Werkstück erkennt, zu welcher Maschine es muss, die Maschine erkennt, was sie damit tun muss.

„Eine weitere Automatisierungswelle ist Industrie 4.0 daher gerade nicht", sagt Wolfgang Wahlster, technisch-wissenschaftlicher Leiter und Vorsitzender der Geschäftsführung des

Deutschen Forschungszentrums für Künstliche Intelligenz (DFKI) in Saarbrücken. Indem die gesamte Produktion digital erfasst ist und abgebildet werden kann, erlauben Simulationsprogramme, dass man Produktentwicklungen, Versuchsanordnungen, Tests und Maschinenumrüstungen zunächst digital vornimmt, ohne ein Stück Material zu bewegen, ohne Ausschuss zu produzieren und für geringe Kosten. Damit fallen enorme Kosten weg. Viele teure Prototypen, die oft beim ersten Test kaputt gehen, müssen nicht mehr gebaut werden, weil der Simulator errechnet, dass der entsprechende Typ nicht funktioniert.

Dieses Simulationsprogramm erkennt Muster und kann aufgrund dieser Erkennung entscheiden, ob etwas funktioniert oder nicht. Auch das ist eine Form sogenannter Künstlicher Intelligenz, aber immer noch eine bescheidene. Künstliche Intelligenz macht vielen Angst, ist derzeit aber meist nicht mehr als angewandte Mathematik – und hat nichts mit Science-Fiction zu tun. „Maschinen denken ja nicht. Sie sind einfach in der Lage, aus großen Datenmengen Muster zu erkennen, Rückschlüsse zu ziehen und so zu lernen. Sie können lernen, ohne zu denken", beschreibt Sabine Bendiek, Vorsitzende der Geschäftsführung von Microsoft Deutschland, das Phänomen Künstliche Intelligenz.

Deren größter Vorteil liegt in der Arbeitsgeschwindigkeit moderner Speicherchips, ermöglicht durch die sogenannte In-Memory-Technik, die auf die Trennung von Arbeitsspeicher (Chip) und Datenspeicher (Festplatte) verzichtet und alles auf Grafikprozessoren verarbeitet. Sie wurde zunächst für Computerspiele entwickelt. Dieser Durchbruch in der Hardware wurde ergänzt durch neue Programmiersprachen. Damit ist man in der Lage, große Datenmengen in kurzer Zeit nach bestimmten Mustern oder nach Abweichungen von diesen Mustern zu durchforsten. Das kann etwa einem Arzt helfen, Massen von Krankenberichten zu durchsuchen, wie er es manuell nie schaffen würde.

Mit Hilfe der Künstlichen Intelligenz können mehr Daten verknüpft und die Welt realistischer abgebildet werden als es ein Mensch je könnte. DFKI-Direktor Wahlster nennt das Beispiel der Stahlerzeugung. Einen guten Stahl zu schmelzen hängt von bis zu 1000 Prozessbedingungen ab wie Erzqualität, Temperatur, Zeit und vielem mehr. Kein Mensch kann 1000 Parameter gleichzeitig berücksichtigten, der Computer hingegen schon. Er kann Hunderttausende Merkmalsausprägungen filtern und daraus optimale Anweisungen für die Prozesssteuerung erstellen. „Wir konnten über Computersimulation zeigen, dass Produkte möglich sind, die bisher aufgrund von Erfahrung und Intuition ausgeschlossen wurden", sagte Kurt Bock, der Vorstandsvorsitzende der BASF, auf dem Treffen des Branchenverbandes ZVEI 2017. Der Computer verarbeitet große Datenmengen, allerdings nach vorbestimmten Modellen. Er optimiert Mengen von Daten, die jede menschliche Hirnkapazität überfordern würden.

Die Autohersteller und ihre Zulieferer arbeiten daran, ihren Autos über Künstliche Intelligenz zudem ein Erinnerungsvermögen zu verleihen. Autonom fahrende Autos erkennen schon heute mittels Kameras Verkehrszeichen. Bei dem Schild „Maximal 50 Kilometer je Stunde" wird die Geschwindigkeit entsprechend gedrosselt. Wäre das Schild im Augenblick des Vorbeifahrens durch einen Lastwagen verdeckt, würde die Kamera das Schild aber nicht wahrnehmen und das Auto seine Geschwindigkeit nicht anpassen. Es ist daher notwendig, dass sich die Kamera „erinnert", dass an dieser Stelle ein entsprechendes Schild stand und die Geschwindigkeit drosselt, obwohl es aktuell kein Schild erkennen kann.

Noch aber steht die Mustererkennung im Vordergrund. Mit ihr wird die sogenannte Fernwartung betrieben, das Paradebeispiel für Künstliche Intelligenz in der Produktion. Aufgrund fernübertragener Betriebsdaten berechnet der Computer, wann ein Teil ermüdet oder aufgrund eines Defektes ausfallen wird. Weil sich das System mit zunehmender Datenzahl selbst optimiert, also immer präzisere Vorhersagen treffen kann, haben bei der Entwicklung neuer datenbasierter Produkte jene Hersteller Vorteile, die auf große Flotten (hier als Synonym für große Mengen gleichartiger Anlagen) zurückgreifen können, wie es Klaus Helmrich nennt, Vorstandsmitglied der Siemens AG.

Er meint damit, dass sich marktführende Hersteller aufgrund ihrer vielen Anlagen bei den Kunden leichter tun, aus den Betriebsdaten Schlüsse zu ziehen. Wer zum Beispiel viele Aufzüge im Markt hat, der hat eine größere Grundgesamtheit an Daten als ein Nischenhersteller mit wenigen Aufzügen. Das gilt für alle Produkte. Damit könnte die Künstliche Intelligenz ein weiterer Treiber der Konzentration in der Wirtschaft sein. Und sie ist erst am Anfang. Heute werden aus den Zustandsdaten einer Anlage Rückschlüsse auf den Austausch von Ersatzteilen oder die Wartung gezogen. Aber das ist noch auf eine einzelne Anlage oder Maschine bezogen. Künftig wird man in der Lage sein, kombinierte Anlagen oder ganze Fabriken ganzheitlich zu betrachten und im Hinblick auf die Wartung oder den Austausch von Teilen zu optimieren.

Künstliche Intelligenz hat es ermöglicht, Roboter aus ihren Käfigen zu lassen. Heute ist es möglich, dass ein Roboter mit einem Menschen zusammenarbeitet. Dank besserer Sensoren erkennt der Roboter den Menschen und reagiert ausweichend oder bremsend, so dass er den Menschen nicht verletzt. Diese Fähigkeiten werden ausgebaut. Das DFKI erforscht die Bedingungen dafür, dass es sogenannte hybride soziale Teams gibt, also Arbeitsgruppen aus drei Robotern und zwei Menschen, in denen die unterschiedlichen Fähigkeiten der Gruppenmitglieder zum Tragen kommen. So etwas wird derzeit bereits bei Airbus in Bremen oder bei Volkswagen in der Unterbodenmontage getestet.

Mit Hilfe Künstlicher Intelligenz können Maschinen künftig auch besser auf die Gesundheit der Menschen achten. Die Biosignalanalyse kann über körpernahe KI-Systeme sowohl erkennen, ob eine Tätigkeit zu anstrengend und vielleicht sogar gefährlich wird (Herzinfarkt, Bluthochdruck), als auch, welche Tätigkeiten ein Mitarbeiter verrichtet. Das System kann ihm dann sagen, dass er einen bestimmten Handgriff vergessen hat, beispielsweise eine bestimmte Schraube noch einmal nachzuziehen. Der Fantasie scheinen kaum Grenzen gesetzt.

Den Menschen zu unterstützen ist nach Ansicht von Volkmar Denner, dem Vorstandsvorsitzenden von Bosch, denn auch Sinn und Zweck der Künstlichen Intelligenz. Es gehe nicht darum, den Menschen zu ersetzen.

Die breite Masse wird den Anlageroboter mögen

Die Vermögensverwalter der Deutschen Bank liegen im Trend und der heißt „Robo Advisory“. Im Sommer 2017 haben sie ihr Modell für die Anlageberatung per Roboter vorgestellt. In der Geldbranche ist von „Robo Advisory“ die Rede, wenn es um die erste Anwendung von Künstlicher Intelligenz in der Finanzwelt geht. Robo ist die Kurzform von Roboter, während Advisory für Beratung steht. Damit kennt sich Stefan Mittnik aus. Der Professor, der an der Münchner Ludwig-Maximilians-Universität Finanzökonometrie lehrt, ist überzeugt, dass die Künstliche Intelligenz in der Vermögensverwaltung den Anlageprozess verändern wird. Mittnik ist auch einer von drei Gründern des digitalen Vermögensverwalters Scalable Capital. An dem Münchner Unternehmen hat sich mit Blackrock der größte Vermögensverwalter der Welt beteiligt. Der Zuspruch der Kunden ist groß: Scalable Capital ging Anfang 2016 an den Start und verwaltet heute mehrere hundert Millionen Euro.

Das Thema Künstliche Intelligenz und die automatisierte Kapitalanlage ist einer der wichtigsten Trends in der Finanzwelt und wird vor allem die Vermögensverwaltung in den kommenden Jahren grundlegend verändern. Die Digitalisierung wird nach einer Studie der amerikanischen Großbank Citigroup dazu führen, dass fast jeder dritte Arbeitsplatz in den Banken auf der Welt bedroht ist. In der Vermögensverwaltung könnte es noch einen größeren Kahlschlag geben. „Stand heute bedeutet Künstliche Intelligenz in der Vermögensverwaltung, dass eine Maschine in unterschiedlichen Marktlagen zielgerechte Anlageentscheidungen trifft“, sagt Mittnik. Die Ziele definiere der Mensch. „Es geht also zunächst um die effiziente und zielführende Verarbeitung von großen Informationsmengen in Form von Daten und Statistiken.“ In einem nächsten Schritt adaptierten Anlagesysteme ihre Regelwerke und Lernprozesse eigenständig, in dem sie laufend abglichen, was sie leisten sollten und was sie tatsächlich leisteten.

In solchen historischen Umbruchzeiten wittern Beratungsgesellschaften ihr Geschäft. Anfang des vergangenen Jahres veröffentlichte Accenture eine Studie zur Akzeptanz der robotergestützten Beratung unter Kunden. Sieben von zehn Kunden in der Welt würden sich im Bank-, Versicherungs- und Vorsorgebereich von Robotern beraten lassen. Wird es komplexer, dann bleibt der Mensch als Ansprechpartner erwünscht. Trotzdem erwartet Mittnik, dass der klassische Privatanleger in Zukunft „praktisch keine regelmäßige Interaktion mit menschlichen Finanzberatern" haben wird. Ein Großteil der Kommunikation werde über sogenannte Chatbots ablaufen. Dabei handelt es sich um Dialogsysteme, die über die Sprache gesteuert und durch Künstliche Intelligenz kontinuierlich verbessert werden. Ein Beispiel ist das Sprachsystem Siri auf den iPhones von Apple. Aber Chatsbots können noch mehr und werden schon in Banken eingesetzt. Die schwedische Bank SEB hat vor einem Jahr „Amelia" eingeführt. Es werden darüber schon beinahe ein Fünftel aller IT-Anfragen abgewickelt. Derzeit führt Amelia ungefähr 4000 Dialoge im Monat durch. Privatkunden können sich von der SEB-Maschine bei Anmeldeproblemen, Kreditkartensperren oder zum Antrag eines Hypothekenkredits beraten lassen.

Doch ob Künstliche Intelligenz im klassischen Bankgeschäft schon Einzug gehalten hat, bleibt noch umstritten. „Wir sehen derzeit viel Bewegung im Markt", berichtet Martin Stolberg, Bankenfachmann der Beratungsgesellschaft Sopra Steria. Zwar halte Big Data Einzug in die Bankberatung und die Institute nutzten schon sehr ausgefeilte statistische Modelle für Robo Advisory oder zur Anlageempfehlung. „Künstliche Intelligenz lässt sich hier allerdings noch nicht erkennen", dämpft Stolberg die Erwartungen. Banken investieren seinen Worten zufolge zum Teil erhebliche Summen in Künstliche Intelligenz, der große Durchbruch lässt aber aktuell noch auf sich warten.

Das bestätigt die Aussage von Michael Mandel, Privatkundenvorstand der Commerzbank. Er halte Künstliche Intelligenz für hilfreich, die Datenverarbeitung und bestimmte Entscheidungen zu verbessern. Doch sehr weit entwickelt sei die Technik noch nicht, sagte er während einer Bankenkonferenz im vergangenen Jahr. Auf derselben Veranstaltung erklärte Dirk Görgen, der das Privatkundengeschäft der Deutschen Bank in Deutschland verantwortet, dass man sich nicht verzetteln wolle. Ihm geht es in der Digitalisierung derzeit darum, dass die Banken den Fokus auf die Basisdienstleistungen legen. Hier hätten die Institute im Vergleich zu anderen Branchen noch viel Nachholbedarf. Ein mögliches Einsatzgebiet der Künstlichen Intelligenz können auch die zunehmenden aufsichtsrechtlichen Meldepflichten sein, die in den Banken derzeit viele Ressourcen binden und als sehr belastend kritisiert werden.

Doch die größten Änderungen stehen in der Vermögensverwaltung an. Davon ist der Münchener Professor Mittnik überzeugt. „Mittel- bis langfristig wird ein Großteil des nichtautomatisierten Fondsmanagements vom Markt verschwinden." Für die breite Masse des Anlagevolumens werde die Geldanlage auf Anlageroboter hinauslaufen, die auf Künstlicher Intelligenz basierten. Er hält die automatisierte Kapitalanlage bei Weitem für nicht so kompliziert wie das autonome Fahren eines Autos. „Hier müssen viel mehr Situationen in Abhängigkeit vom Wetter oder von der Verkehrslage berücksichtigt werden. Bei der Kapitalanlage geht es letztlich nur um das Verhältnis von Risiko und Rendite."

Die Kapitalanlage durch Roboter wird an Gewicht gewinnen. Die Beratungsgesellschaft Oliver Wyman erwartet, dass im Jahr 2020 Roboter 500 Milliarden Dollar an Vermögen verwalten werden. Das wäre eine Verfünffachung gegenüber dem aktuellen Niveau, aber im Vergleich zum gesamten Markt für Vermögensverwaltung weniger als ein Prozent. In Deutschland sagt Oliver Wyman einen Anstieg des Volumens in den nächsten zweieinhalb Jahren auf 22 Milliarden Dollar voraus.

Auf digitale Vermögensverwaltung hat sich in Deutschland neben Scalable Capital auch Liqid fokussiert. Acht Monate nach dem Start sammelte das junge Unternehmen, das von Investoren wie der Familie Harald Quandt, deren Anlagegesellschaft HQ Trust oder dem Verleger Dieter von Holtzbrinck unterstützt wird, ein Anlagevolumen von mehr als 100 Millionen Euro ein. Der Vermögensverwalter zählt rund 400 Kunden mit einem durchschnittlichen Anlagevermögen von 260.000 Euro. Scalable Capital hat ungefähr 5000 Kunden mit einem durchschnittlichen Anlagebetrag von 40.000 Euro. Hier beträgt der Mindestanlagebetrag 10.000 Euro. Bei beiden dominieren die börsennotierten Indexfonds (ETF) als Anlageinstrument. Sie bilden Indizes wie zum Beispiel den Dax ab und gelten deshalb als passive Produkte. Diese sind günstiger als aktiv verwaltete Fonds, bei denen für das Management höhere Gebühren fällig werden. Zudem gilt es als dauerhaft fast unmöglich, dass ein Fondsmanager besser abschneidet als der Markt, dessen Entwicklung ein ETF billiger abbildet. Größter Anbieter von ETF ist Blackrock. Sie passen als standardisiertes Konzept ideal zur Kapitalanlage durch den Roboter. Liqid bietet aber den wohlhabenderen Kunden auch ein Konzept an, bei denen Fondsmanager, die Spezialisten auf ihrem Gebiet sind, hinzugezogen werden.

Mittnik sieht qualifizierte Berater künftig nur noch bei sehr reichen Kunden im Einsatz, bei denen weitere Aspekte wie zum Beispiel komplexe Steuer- oder Erbschaftsfragen beachtet werden müssen. Doch auch hier lassen sich Teilbereiche über Roboter steuern. „Ein großer Vorteil des datengetriebenen Prozesses sind die emotionsfreien Entscheidungen“, sagt Mittnik. Menschen tun sich ihm zufolge oft schwer damit, Fehler einzugestehen. Viele agierten auch aus Angst oder Übermut. „Maschinen haben dagegen keine Launen und handeln nicht irrational.“ Doch alles können die Maschinen nicht leisten. „Der Mensch ist das einzige Wesen, das sich selbstständig Ziele setzen kann“, betont Mittnik. Das ist auch für die Finanzmärkte ein wichtiger Vorteil, weil die verschiedenen

Ziele und Risikopräferenzen für eine Vielfalt an Anlagestrategien sorgen werden. „Der Kapitalmarkt wird dadurch sehr heterogen bleiben“, erwartet Mittnik und schließt damit aus, dass Künstliche Intelligenz und automatisierte Anlageprozesse den Herdentrieb verstärken werden.

III. Berühmte Forscher und ihre Vorhersagen

„Computer können bald mehr als wir ihnen beibringen"

Der Technikkonzern IBM beschäftigt sich seit Jahrzehnten mit Künstlicher Intelligenz. Der große Durchbruch ist jetzt da, sagt KI-Urgestein John Watson. Aber mit dem Wissen wächst auch die Ungewissheit. Ein Interview.

Herr Watson, wann werden Computer intelligenter als Menschen sein?
Ich habe lange darüber nachgedacht, was es eigentlich heißt, intelligent zu sein. Wenn man mal anfängt, darüber nachzudenken, was ein Intelligenzquotient eigentlich ist, merkt man schnell, wie unpräzise es ist, von jemandem zu behaupten, er sei klüger als ein anderer. Genauso, wie wir inzwischen zu dem Ergebnis gekommen sind, dass es unterschiedliche Arten von Intelligenz gibt, müssen wir uns auch die Intelligenz der Maschinen anschauen. Sie gleichen sich nicht, selbst die Maschinen untereinander. Schon jetzt sind Maschinen in einigen Aspekten wesentlich besser als Menschen, etwa darin, Muster herauszuarbeiten. Aber es wird eine ganz andere Art der Intelligenz sein. Computer werden ähnlich mental wachsen, wie wir es auch tun. Sie werden Dinge lernen, die wir ihnen nicht beigebracht haben. Aber es wird immer ein symbiotisches Verhältnis zwischen Mensch und Maschine geben. Wir müssen nur noch herausfinden, wie wir diesen Dialog gestalten wollen. Im Nachhinein wird wahrscheinlich dieser Zeitraum jetzt als derjenige in die Geschichte eingehen, an dem alles begann.

Aber hat man das nicht schon immer gedacht?
Der Ansatz hat sich in den vergangenen vierzig Jahren sehr gewandelt. In den siebziger Jahren studierte ich am Massachusetts Institute of Technology in Boston. Es war damals schon eines der wichtigsten Zentren für Künstliche Intelligenz in der Welt. Dort lehrte ein Marvin Lee Minsky, einer der genialsten Denker in diesem Bereich. Mit dessen Sohn habe ich mir an der Universität eine Wohnung geteilt. Damals habe ich viel Zeit damit verbracht, ihm zuzuhören, wie er über neuronale Netzwerke sprach, also wie man einen Computer dazu bringt, wie ein biologisches System zu handeln. Das war sehr

interessant damals. Aber man konnte die Technik nicht dazu bringen, große Probleme zu lösen.

Was war das Problem?

Die Computer waren zu langsam und schwerfällig. Die vergangenen vierzig Jahre habe ich damit verbracht, Computerchips zu verbessern. Sie sind so viel schneller und kleiner geworden. Vor einigen Jahren haben wir einen Wendepunkt erreicht, Silizium ist schnell und billig und verbraucht wenig Strom. Das sieht man schon an den Smartphones. Auch die Kommunikation zwischen den Computern hat sich so verbessert, dass diese Visionen aus den siebziger Jahren auf einmal Realität werden können.

Es war nur die Technik?

Auch der Ansatz hat sich radikal verändert. Seit den siebziger Jahren haben wir uns allein auf ein regelbasiertes System gestützt. Viele Prozesse werden von sehr klaren Regeln beherrscht. Wie die Bremsen im Auto funktionieren, wie das Elektrizitätssystem funktioniert. Das ist sehr simpel: Man programmiert einen Computer nach dem Prinzip, wenn dies und jenes passiert, tu dies und das. Das funktioniert auch heute noch. Und es funktioniert gut. Aber es hilft nicht bei komplexen Problemen. Zum Beispiel gibt es hier im 27. Stock dieses IBM-Watson-Forschungszentrums etwa rund 1000 Datenpunkte: Temperatur, Luftfeuchtigkeit, die Geschwindigkeit von Ventilatoren. Es ist nahezu unmöglich, ein Programm zu schreiben, das alle möglichen Konstellationen berücksichtigt. Wir haben es versucht, es wird aber sehr kompliziert. Im schlimmsten Fall hat man es automatisiert und es macht überhaupt nicht, was man gerne hätte.

Wie geht man da vor?

In den Teenagerjahren dieser Technik haben Menschen versucht, Intelligenz zu simulieren. Das ging über unendlich viele Regeln. Wir haben versucht, diese Regeln aufzuweichen und zu Vorschlägen zu kommen: Wenn dies passiert, probiere doch mal jenes. Es hat vieles flexibler gemacht. Das Problem ist nur: Entweder baut man so viele Varianten ein, dass die sich irgendwann durchkreuzen und einander ins Gehege kommen, oder man bekommt einen

Haufen von Regeln, die nicht alles abdecken. Diese regelbasierte Künstliche Intelligenz war bis vor Kurzem noch sehr populär. Sie wird auch immer noch genutzt, weil man nicht alles umschreiben muss, sondern immer noch hinzufügen kann. Aber sie ist nicht besonders robust. Sie kann einfach nicht mit neuen Situationen umgehen.

Wann kam der große Durchbruch?

Mit dem maschinellen Lernen. Das ist keine Zauberei, sondern es geht um das Erkennen von Mustern: Computer können jetzt eigenständig lernen, Gesichter und Geräusche zu erkennen. Gib ihm ein Beispiel davon wie etwas normalerweise aussieht, und zeige ihm, wie der Gegenstand in unterschiedlichen Situationen aussieht. Dann beginnt er, selbst zu unterscheiden. Am Anfang muss man ihm noch immer sagen: „Ja, das stimmt" oder „Nein, das stimmt nicht". Es wird von Mal zu Mal besser, darum geht es beim maschinellen Lernen. Diese Technik ist sehr gut, wenn es darum geht, ein Auto autonom fahren zu lassen oder ein Flugzeug zu fliegen. Ich bin seit 40 Jahren in diesem Geschäft, und ich habe nichts gesehen, was auch nur annähernd so weitreichend anwendbar ist.

Steuert das bald unsere Autos?

Es gibt viele Fahrerassistenzsysteme, die beim Einparken helfen oder dafür sorgen, dass der Wagen auf der Spur bleibt. Das sind typischerweise solche regelbasierten Systeme. Inzwischen wird aber auch die Methode des maschinellen Lernens in diesem Bereich angewandt, beim Bremsen und beim Beschleunigen und Lenken. Die Aufgabe des Testfahrers ist es, in solchen Situationen einzugreifen, wenn der Wagen eine falsche Entscheidung getroffen hat. Innerhalb von drei Tagen kann ein solches System ziemlich gut fahren. Dazu sind nicht Tausende von Befehlen nötig, sondern es reicht, die Daten auszuwerten und zu selektieren. Am Anfang hat der Computer noch fürchterliche Entscheidungen getroffen, aber der Fahrer musste nur sagen: nein. Er musste ihm noch nicht mal sagen, warum. Genauso lernt auch der menschliche Muskel. Das ist doch ein unglaublich machtvolles Ereignis. Jedem System kann man sich auf diese Weise nähern. Es ist natürlich technisch nicht ganz so einfach, man muss diese Modelle erst einmal so hinbekommen. Aber es ist keine Zauberei, und es ist fast überall einsetzbar.

Wo ist der Haken?

Es gibt natürlich materielle Kosten. Das Ganze ist teuer herzustellen, und man braucht eine besondere Infrastruktur. Wenn das System ein Flugzeug, ein Auto oder einen Roboter lenken soll, können die Daten nicht um die halbe Welt gehen. Sie brauchen sie ganz nah dran. Autos müssen also kleine Supercomputer werden. Gleichzeitig brauchen sie einen schnellen Zugang zum Server in der Cloud, damit nicht nur ein Roboter lernt, sondern damit alle lernen. Das ist eine ganz andere Form der Komplexität.

Sind diese Systeme beherrschbar?

Die Herausforderung ist: Es ist nicht transparent. Bisher habe ich einen Code programmiert und konnte dabei zusehen, was dieser Code tut. Jedes Mal, wenn sich ein Problem ergibt, können wir ganz genau nachvollziehen, woran es liegt. Das funktioniert nicht mehr. Jetzt wissen sie nicht mehr, warum Maschinen gewisse Dinge tun. Das ist übrigens bei uns Menschen nicht anders. Wenn ich Ihnen sage: Denken Sie an den Keller Ihrer Großmutter, tun Sie es einfach. Sie erinnern sich sogar an den Geruch, ohne dass Sie sagen könnten, warum.

Das ist ziemlich beängstigend.

Es bedeutet, dass wir sehr vorsichtig sein müssen. Man muss wissen, warum eine Maschine etwas tut, um sie wieder auf Vordermann zu bringen oder auch um zu klären, wer die Verantwortung trägt. Deshalb müssen wir ganz genau entscheiden, wann der Computer übernehmen darf.

Aber es klingt nach einer unaufhaltsamen Entwicklung.

Wir müssen sehr vorsichtig bei der Frage sein, welche Aufgaben wir den Computern übertragen. Da ist IBM sehr hinterher, wir achten sehr darauf, dass der Mensch im Mittelpunkt steht. Das bedeutet mehrere Dinge: Ein Mensch muss immer die Kontrolle behalten und wissen, worum es geht. Schwierige Entscheidungen müssen immer vom Menschen getroffen werden.

Ist das nicht ein fließender Übergang?

In der Tat. Das sehen Sie schon beim Fliegen. Die Menschen reden viel über automatisiertes Fahren, aber beim Fliegen sind wir schon viel weiter. Jeder Flug läuft schon weitgehend automatisiert ab, und oft ist dabei maschinelles Lernen im Spiel. Ein befreundeter Pilot hat mir mal erzählt, dass er bei einem großen Airbus, den er von New York City bis London steuert, nur rechtlich verpflichtet ist, 45 Sekunden lang selbst zu fliegen, und zwar während eines kurzen Moments beim Abheben. Alles andere darf schon die Maschine übernehmen. Es ist eine große Aufgabe zu entscheiden, wie viel Spielraum man einer Maschine dabei überlässt, kritische Situationen zu übernehmen.

Der KI-Superstar aus dem Alpenvorland

Jetzt hat Jürgen Schmidhuber den Salat. Seit Schmidhuber im Alter von 15 Jahren als Lebensziel formuliert hat, einen lernenden Roboter zu entwickeln, der klüger und kreativer ist als er selbst und sodann den Rest der Arbeit erledigen solle, wird er immer wieder gefragt: Wann ist es denn nun soweit? Wann kann sich Schmidhuber zur Ruhe setzen, weil ein von ihm und anderen Tüftlern entwickeltes, stetig dazulernendes System nicht mehr vom menschlichen Verstand übertroffen werden kann? Der Münchner, inzwischen 55 Jahre alt, wiegt den Kopf: Bis zur aktuell geltenden Schweizer Pensionsgrenze, also binnen zehn Jahren, werde das wohl noch nicht zu schaffen sein. „Aber gerade in der Welt der Wissenschaft kann man ja auch problemlos noch etwas länger arbeiten", sagt Schmidhuber und schmunzelt. Das Blitzen in seinen Augen verrät, dass er den historischen Moment nur allzu gerne miterleben würde, in dem der Mensch seine dominierende Rolle für immer verliert, weil er eine Künstliche Intelligenz geschaffen hat, die ihm in jeder Hinsicht überlegen ist und alle Herausforderungen löst, mit denen er selbst überfordert ist.

Wann immer dieser Moment kommen mag, ob nun in 30 oder in 40 Jahren (so lauten die derzeit gängigen Prognosen) – Jürgen Schmidhuber hat in der Geschichte der KI schon heute einen Platz auf den vordersten Rängen inne. Der Bayer, der sich nach dem Studium der Informatik und der Mathematik an der Technischen Universität München habilitierte und dort einige Jahre als Professor lehrte, zählt zu den wissenschaftlichen Vorreitern auf dem Gebiet des maschinellen Lernens und der künstlichen neuronalen Netze. Er ist wissenschaftlicher Direktor des Schweizer Forschungsinstituts für Künstliche Intelligenz (IDSIA). Diese von dem italienischen Unternehmer und Stifter Angelo Dalle Molle ins Leben gerufene Forschungseinrichtung zählt zu den großen KI-Adressen auf der Welt. In der Öffentlichkeit ist sie bisher kaum bekannt. Das Institut sitzt in der Tessiner Kleinstadt Manno vor den Toren Luganos. Vom Fenster seines schmucklosen Büros in einem drögen Neubau im Industriegebiet blickt Schmidhuber auf eine vielbefahrene Schnellstraße und auf einen kleinen Berghang, an dem ab und an ein paar Ziegen grasen.

Als Besucher ahnt man nicht, dass hier – und im „Cognitive Robotics Lab“ der TU München, das Schmidhuber bis zum Jahr 2009 geleitet hat – wichtige Wegmarken der Künstlichen Intelligenz gesetzt worden sind. Dazu gehört Fortschritt im sogenannten tiefgehenden Lernen (Deep Learning): Rückgekoppelte neuronale Netzwerke lernen selbstständig alle möglichen Dinge, zum Beispiel gesprochene Sprache zu erkennen oder Click-Raten im Internet vorherzusagen. Schmidhuber brachte mit dem ebenfalls aus Deutschland stammenden Forscher Sepp Hochreiter in den neunziger Jahren eine Netzwerkmethode namens „Long Short-Term Memory“ (LSTM) auf den Weg, so etwas wie ein künstliches „Langzeitgedächtnis“. Ein Meilenstein auf diesem Feld war das. Der Suchmaschinenkonzern Google setzt sie seit dem Jahr 2015 ein – seither ist die Spracherkennung und die Übersetzungsfunktion der amerikanischen Suchmaschine deutlich besser geworden. Auch andere Internetunternehmen wie Apple oder Facebook greifen auf LSTM zurück. Wer von der sprachgesteuerten Assistentin „Alexa“ Auskunft begehrt, die in dem schwarzen Zylinder verborgen ist, den der Versandriese Amazon gerade rund um den Globus feilbietet, bekommt eine Stimme zu hören, die ebenfalls von LSTM inspiriert ist. „Alexa lernt, Wörter in gut intonierte Sprache zu übersetzen“, sagt Schmidhuber. Der Wissenschaftler ist stolz, dass ein Teil seiner Arbeit inzwischen in Milliarden von Geräten rund um den Globus steckt. Finanziell hat er davon nichts. Seine Entwicklungen sind nicht durch Patente geschützt.

„Viele unserer zentralen Ideen und Einsichten stammen aus dem vergangenen Jahrtausend“, erläutert Schmidhuber. Erst dank der rasant gestiegenen Leistungsfähigkeit der Computer bei zugleich fallenden Preisen seien die Erkenntnisse zur Künstlichen Intelligenz kommerziell relevant geworden. Dass KI nun plötzlich in aller Munde ist, hat freilich auch eine Kehrseite: Die großen Konzerne werben Forschungslaboren wie dem IDSIA mit Jahresgehältern von bis zu einer Million Dollar reihenweise Mitarbeiter ab. Als Reaktion darauf hat Schmidhuber mit einer Handvoll Doktoranden eine eigene Unternehmung namens Nnaisense gegründet, die der Wagniskapitalgeber Alma Mundi zu Beginn dieses Jahres mit den ersten Millionen gefüttert hat. Nnaisense arbeitet unter anderem an einem selbstlernenden System zur Aktienanlage und an einer autonomen Einparkhilfe für den deutschen Automobilhersteller Audi. Als leuchtendes Vorbild haben die frischgebackenen Unternehmer das Unternehmen Deep Mind vor Augen. Dieses auf Künstliche Intelligenz spezialisierte Unternehmen haben auch ehemalige Schmidhuber-Studenten geprägt, etwa der Mitgründer Shane Legg. Sie alle sind heute reich. Google hat Deep Mind im Jahre 2014 für mehrere hundert Millionen Dollar übernommen.

Mit den weiter rasant wachsenden Rechnerkapazitäten sieht Schmidhuber keine Grenzen für den Einsatz von KI. „Interessant ist das selbsttätige Lernen überall dort, wo es darauf ankommt, etwas zu lernen, von dem kein Mensch weiß, wie es geht." In diesem Sinne könnte Künstliche Intelligenz vor allem in der Medizin und der Gesundheitsvorsorge segensreich wirken. „In der Diagnostik wird es bald künstliche neuronale Netzwerke geben, die ihre Arbeit besser erledigen als jeder Arzt, weil sie sich ihr Urteil nicht auf Basis von hundert oder tausend ähnlicher Fälle bilden, sondern stetig lernend blitzschnell auf die anonymisierten Daten von Millionen Patienten zurückgreifen können."

Schmidhuber ist mit einer bayerischen Architektin verheiratet. Die beiden haben zwei Töchter. Diese wollen bisher nicht in die Fußstapfen ihres Vaters treten: Die eine studiert Wirtschaft in St.

Gallen, die andere hat vergangenes Jahr ihr Abitur abgelegt. „Meine Kinder wuchsen auf mit einem Papa, der ihnen immer wieder erklärt hat, dass sie wahrscheinlich den größten Teil ihres Lebens in einer Welt verbringen werden, in der die Klügsten keine Menschen sind." Und? Haben die Mädchen von dieser Botschaft einen Schaden davongetragen? Schmidhuber lacht: „Das ist nicht offensichtlich." Aber beschleicht ihn selbst nicht zuweilen Angst vor einer Zukunft, die nicht mehr maßgeblich vom Menschen bestimmt sein könnte? Das Gegenteil ist der Fall. Der Wissenschaftler bedauert schon heute, dass er den ganz großen Entwicklungssprung altersbedingt wohl nicht mehr mitverfolgen können wird: „Andere, die jünger sind, werden noch viel mehr miterleben von der unglaublichen Entwicklung in der nächsten Zeit. So wie meine Kinder, die Glücklichen."

Ein Deutscher für Deep Learning

Heller Flur, mittendrin eine kleine Küchenzeile mit Kaffeemaschine, studentische Mitarbeiter tippen auf ihren Laptop-Tastaturen. Die Türen zu den angrenzenden Büros sind offen, in einem sitzt Damian Borth. Bart, Bluejeans, Hemd mit hochgekrempelten Ärmeln, freundlich fasziniert – so gibt sich einer der führenden Fachleute Deutschlands auf jenem Forschungsfeld der Künstlichen Intelligenz, das derzeit besonders angesagt ist: Er ist Abteilungsleiter „Deep Learning" am Deutschen Forschungszentrum für Künstliche Intelligenz (DFKI) in Kaiserslautern. Deep Learning umschreibt jene Methode, mit Hilfe derer Computer-Wissenschaftler schlaue Programme erdenken, die in ihrer Funktion ähnlich wie zum Beispiel das menschliche Gehirn lernen können und entsprechend vielfältige Aufgaben übernehmen sollen.

Wenn deutsche Fondsgesellschaften Mitarbeiter und Kunden über die Chancen Künstlicher Intelligenz informieren wollen, laden sie regelmäßig Damian Borth ein. Die deutsche Botschaft in Washington fragte ihn schon um Rat, dem Lenkungsausschuss der Volkswagen-Stiftung gehört er an und ist wissenschaftlicher Leiter eines Finanzdaten-Programms der Deutschen Vereinigung für Finanzanalyse und Asset Management (DVFA). Der Technologiekonzern Alphabet (Google) und die Unternehmensberatung McKinsey haben ihn schon mit Forschungspreisen ausgezeichnet.

Und Borth ist ein echtes Eigengewächs. Einer, der zeigt, dass nicht nur amerikanische Spitzenuniversitäten Spitzenleute hervorbringen in diesem Bereich. Borth floh im Alter von sechs Jahren mit seinen Eltern aus dem damals kommunistischen Polen in den Westen, wuchs in Mannheim und Heidelberg auf und studierte Informatik in Kaiserslautern. An der TU dort und am DFKI promovierte er auch. Zwischendrin und danach ging er dann aber doch vorübergehend in die Vereinigten Staaten, zunächst an die Columbia-Universität in New York, dann nach Berkeley, wo er mit Trevor Darrell forschte, einem der beiden Direktoren des Forschungslabors für Künstliche Intelligenz dort. Gerade der Aufenthalt im amerikanischen Technologie-Wunderland prägte ihn sehr. „Es ist dieser Unternehmergeist, der so fasziniert“, erzählt er. Auf dem Bild hinter seinem Schreibtisch sind die Gründer des Halbleiterherstellers Fairchild Semiconductor zu sehen, echte Silicon-Valley-Pioniere in den fünfziger Jahren, denen ihr Wagemut später die Bezeichnung „Verräterische Acht“ (Traitorous Eight) einbrachte.

Einer von ihnen war übrigens Gordon Moore gewesen, nach dem das wohl berühmteste Computergesetz benannt ist. „Sie sehen aus wie eine Rockband, oder?“, sagt Borth, wenn er begeistert auf das Bild blickt. In Amerika arbeitet mittlerweile übrigens auch Borths Doktorvater Thomas Breuel. Der wechselte von seiner Professur in Kaiserslautern zunächst zu Google und danach zum Technologieunternehmen Nvidia, das mittlerweile sozusagen der Chip-Hersteller der Künstlichen Intelligenz ist (darüber gibt es ein eigenes Kapitel in diesem Buch, siehe S. 67).

Borth, Jahrgang 1981, ist hingegen in Deutschland geblieben, in der Pfalz, wo er schnell auch im Grünen ist. Überdies könnte er hierzulande kaum einen renommierteren Arbeitgeber finden. Das DFKI ist die größte nicht-gewinnorientierte Forschungseinrichtung auf diesem Feld. Zu seinen Gesellschaftern zählen namhafte Konzerne wie die Autohersteller BMW und Volkswagen, der Zulieferer Bosch oder die Technologieunternehmen Google, Intel, Microsoft, die Deutsche Telekom und SAP. Besonders stolz ist Borth darauf, dass das DFKI außerdem mittlerweile eine besondere Partnerschaft mit Nvidia eingegangen ist. Das Unternehmen stellt leistungsfähige Rechner her. Jen-Hsun Huang, der Vorstandsvorsitzende, ist einer der großen Helden der Branche momentan, während der jüngsten

Consumer Electronic Show in Las Vegas im vergangenen Jahr hielt er die Schlüsselrede – ein Auftritt, der früher zum Beispiel dem verstorbenen Apple-Chef Steve Jobs vorbehalten war. Borth kennt Huang. „Der ist wirklich inspirierend."

Besonders freuen sich Borth und seine Kollegen in Kaiserslautern darüber, dass Nvidia ihnen superschnelle Computer zur Verfügung gestellt hat, denn: Große Rechenleistung ist besonders wichtig für die KI-Forschung, geht es doch darum, gewaltige Datenmengen in überschaubarer Zeit zu verarbeiten, schlaue Programme zu „trainieren", wie die Fachleute sagen. Borth sagt über seine Forschung und die Rolle des DFKI im Bereich des „Deep Learning" aber auch: „Wir müssen spannende Nischen besetzen." Mit den Milliarden-Dollar-Ressourcen großer amerikanischer Tech-Konzerne insgesamt mitzuhalten ist nahezu aussichtslos. Konkret bedeutet das zum Beispiel zweierlei: Borth forscht in einem Projekt darüber, wie Stimmungen erkannt werden können auf Bildern. Sind die Menschen auf einer Straßenszene etwa fröhlich, hektisch oder ängstlich unterwegs oder sieht die Straßenszene verlassen und gefährlich oder gepflegt und bürgerlich aus? Kann ein Computer das ordentlich und schnell erkennen, könnte er Touristen beispielsweise dabei helfen, Sicherheit und Wohlbefinden auf den Stationen ihrer Reise einzuschätzen. Ein zweites Thema dreht sich um Finanzdaten. Hier ist Borth nicht nur Forscher, sondern auch Unternehmer. Ein Start-up mit dem Namen Sociovestix Labs hat er im Jahr 2012 auf den Weg gebracht, das Büro liegt im DFKI in Kaiserslautern nicht weit von seinem Büro, nur den Flur hinunter.

Borth sieht wegen der jüngsten Fortschritte in der Künstlichen Intelligenz eine Schlüsseltechnologie dieses Jahrhunderts. Wie die Elektrizität werde sie ganze Industrien umwälzen. Was in Deutschland fehle, seien ausreichend Fachleute. Die Kapazitäten etwa an den Universitäten seien zu gering und überdies gingen viele Absolventen lieber direkt ins Silicon Valley. „Wir müssen uns in Deutschland noch ein bisschen anstrengen, um nicht überholt zu werden in diesem Bereich“, sagt er.

Der Nachwuchsstar, der längst zu den Großen zählt

Nicht auf dem Google-Campus, nicht in der Facebook-Unternehmenszentrale, nicht im renommierten MIT-Forschungslabor: Wenn es um die in der Künstlichen Intelligenz (KI) derzeit angesagte Methode namens „Deep Learning" geht, entstand eine der vielversprechendsten grundlegenden Ideen der jüngeren Vergangenheit in einer Bar in der kanadischen Stadt Montreal. Sie trägt den Namen „Les 3 Brasseurs". Eine Gruppe Informatikstudenten traf sich dort, um die Promotion eines Freundes zu feiern. Einer davon war Ian Goodfellow. Die Freunde gerieten in eine fröhlich-leidenschaftliche Diskussion darüber, was schlaue Computer können. Und konkret über die Frage, ob es möglich ist, ihnen beizubringen, was bis ins allerletzte Detail zu einem echten Foto gehört, einer Aufnahme der Wirklichkeit also. Das klingt zunächst nicht sonderlich spektakulär. Tatsächlich steckt dahinter sehr viel – und Goodfellow gelang ein echter Durchbruch, dessen ganzes Potential und dessen ganze Wucht sich erst langsam erschließen.

Als Goodfellow einmal gegenüber dem Internetdienst „Wired" Details dieser einer Legende gleichenden Begebenheit verriet, formulierte er das so: „Wenn eine Künstliche Intelligenz sich die Welt in realistischen Details vorstellen kann – lernen kann, sich realistische Bilder oder Klänge vorzustellen –, unterstützt dies die Künstliche Intelligenz darin, die Struktur der Welt zu verstehen, die wirklich existiert." Er nahm dabei Bezug auf ein Bonmot des verstorbenen Physiknobelpreisträgers Richard Feynman, der einmal sagte: „Was ich nicht kreieren kann, das verstehe ich nicht." Angewendet auf sein eigenes Gebiet, erklärte Goodfellow analog: „Was eine Künstliche Intelligenz nicht erzeugen kann, das versteht sie nicht." Das ändert sich gerade.

Der junge Forscher ist einer der wichtigsten Hoffnungsträger. Natürlich ist das längst nicht nur den Spitzenforschern an den Universitäten aufgefallen, sondern beispielsweise auch den Entscheidern des Technologieunternehmens Alphabet (Google). Dort, in der auf Künstliche Intelligenz fokussierten Abteilung „Google Brain“, arbeitet Goodfellow momentan. Quasi nebenher hat er ein ungefähr 800 Seiten dickes Lehrbuch über Deep Learning geschrieben, das sich an anfangende wie fortgeschrittene Studenten richtet. „Es ist das einzige umfassende Buch zum Thema“, lobte der schillernde amerikanische Unternehmensgründer Elon Musk (Tesla, SpaceX) das Werk. Für Musk war Goodfellow da übrigens schon kein Unbekannter mehr, er war über seine eigene KI-Unternehmung „Open AI“ vorübergehend Goodfellows Arbeitgeber, bevor dieser zurück zu Google wechselte.

Ausgangspunkt für Goodfellows Laufbahn war indes die amerikanische Universität Stanford. Dort studierte er Informatik, zunächst ohne das ausdrückliche Ziel, Künstliche Intelligenz zu seinem Schwerpunkt zu machen. Dazu kam er nicht zuletzt auch durch eine Vorlesung des mittlerweile selbst berühmt gewordenen Forschers Andrew Ng, der später „Google Brain“ mit auf den Weg brachte und dann KI-Forschungschef des chinesischen Internetunternehmens Baidu werden sollte (derzeit ist er selbstständiger Unternehmer, der zum Beispiel eine KI-Lernplattfom betreibt). Goodfellow machte in Stanford seinen Abschluss, wechselte für die Promotion jedoch nach Kanada an die Universität Montreal, denn dort lehrte damals schon Yoshua Bengio, einer der führenden Fachleute für Deep Learning, der schließlich Goodfellows Doktorvater wurde. Im Jahr 2014, seine Promotion näherte sich dem Ende, hatte Goodfellow dann jene Idee, die ihn berühmt und selbst zu einer Kapazität seines Faches gemacht hat. Auf Konferenzen ist er ein gefragter Redner, zum Beispiel auf der in der Branche angesagten GPU Technology Conference des amerikanischen Tech-Unternehmens Nvidia unlängst in San José 2017.

Sein Coup verbirgt sich nun hinter dem sperrigen Ausdruck „Generative Adversarial Networks“ (GANs) und beinhaltet eine

Menge anspruchsvolle Mathematik. Grob gesagt, geht es dabei um kluge Computerprogramme (künstliche neuronale Netze), die versuchen, andere Computerprogramme auszutricksen und dabei schlussendlich schlauer zu machen. Zum Beispiel, indem sie, die „adversen" Programme, eigene Bilder von Tieren erschaffen, die von Bilderkennungsprogrammen für Bilder echter Tiere gehalten werden. Goodfellow verglich das einmal sinnbildlich mit einem Wettstreit zwischen einem Künstler und einem Kunstkritiker; jemandem, der etwa die Mona Lisa malt und dann einen Fachmann davon zu überzeugen versucht, dass es sich um das berühmte Gemälde selbst handelt. Während dieses Wettbewerbs lernen in der Regel beide Kontrahenten. Ohne die Hilfe von Menschen. Das ist eine der Hoffnungen, die sich mit dieser Idee verbinden: Computer sollen sich gegenseitig Dinge beibringen.

Yann LeCun, ein schon längst etablierter Spitzenmann auf dem Gebiet und derzeit KI-Forschungschef des sozialen Netzwerks Facebook, bezeichnete Goodfellows GANs mehrfach als die „coolste Idee in Deep Learning in den vergangenen zwanzig Jahren". Die Forschung damit ist in mehrerer Hinsicht interessant: Einmal ist für Anwendungen wie autonomes Fahren wichtig, dass Computer wirklich fehlerfrei erkennen, was beispielsweise ein Verkehrsschild anzeigt – auch dann, wenn etwa jemand versuchen sollte, es so zu manipulieren, dass dies dem menschlichen Auge nicht auffällt, einen Computer aber täuscht. Außerdem helfen GANs womöglich dabei, Datenschutz-Sorgen abzumildern: Die für lernende Programme zentralen großen Datenmengen müssten zum Beispiel nicht mehr ausschließlich aus Bildern von echten Gesichtern bestehen, wenn Algorithmen gleichwertige erschaffen könnten in nahezu beliebiger Menge und einer dahinterstehenden realistischen mathematischen Verteilung.

Die Forschung auf dem Feld ist noch jung, die Hoffnung groß. Dass Goodfellow dies gelang, ist übrigens auch einem glücklichen

Umstand zu verdanken, wie er selbst einmal erzählte. Die Debatte in der besagten Bar in Montreal endete nämlich nicht mit inhaltlichem Einvernehmen. Seine Freunde glaubten nicht daran, dass das so funktioniert, wie Goodfellow sich das dachte: „Ich ging leicht angetrunken nach Hause. Meine Freundin war schon schlafen gegangen, und ich saß da und dachte: ‚Meine Freunde liegen falsch.' Ich blieb wach und programmierte GANs auf meinem Laptop." Gleich der erste Versuch gelang. „Das war sehr, sehr glücklich – wenn es nicht funktioniert hätte, hätte ich die Idee womöglich aufgegeben."

Der „Elder Statesman" des Deep Learning

Schon mal was von Geoffrey Hinton gehört? Wer wissen will, wer dafür verantwortlich ist, dass Künstliche Intelligenz gerade angesagt ist, dass viel Hoffnung auf sogenannten künstlichen neuronalen Netzen ruht, kommt an dem britischen Informatiker nicht vorbei. Hinton ist einer der Vordenker, der seit Jahrzehnten darüber forscht. Immer wieder bezeichnen sie ihn als „Paten" oder „Elder Statesman" des Deep Learning, weil er seit den achtziger Jahren schon wie kaum ein anderer erreichte, das Interesse an dem Gebiet aufrechtzuerhalten und mit eigenen Ideen voranzubringen.

Auf das große Lob reagiert er einerseits zurückhaltend. „Das erscheint ein bisschen befremdlich, weil alle großen Durchbrüche aus Teamarbeit hervorgingen und einige Leute, die am meisten verantwortlich dafür sind, weitgehend unbekannt sind in den Medien", sagt er. Fügt dann jedoch mit dem ihm eigenen Humor hinzu: „Aber ich schätze, dass es besser ist, zu viel Ansehen zu bekommen als zu wenig."

Hinton stellt sich in seinem Forscherleben seit jeher eine große Frage: Wie funktioniert das menschliche Gehirn? Er studierte zunächst Psychologie in Cambridge. Weil ihm das keine zufriedenstellende Antwort und nicht einmal einen Ansatz lieferte, promovierte er sich hernach in Edinburgh in Künstlicher Intelligenz. „Ich wollte verstehen, wie das Gehirn arbeitet, und ich dachte, der beste vorwärts weisende Weg wäre es, Computer zu verwenden, um verschiedene Theorien zu testen und herauszufinden, welche Theorien wirklich funktionieren", erinnert er sich. Das war auch der Grund, warum er sich innerhalb des Fachgebiets auf den Ansatz fokussierte, der heute gemeint ist, wenn von Deep Learning oder künstlichen neuronalen Netzen die Rede ist. Dahinter steckt das Ziel, Computerprogramme zu erdenken, in die komplexe

Zusammenhänge nicht im Detail hineinprogrammiert werden, sondern die sie selbst lernen.

Hintons Haltung war auch insofern beachtlich, weil zu Beginn seiner Forscherlaufbahn in den siebziger Jahren die meisten Fachleute diesen Ansatz zusehends als untauglich verworfen hatten und er auch in der breiteren Öffentlichkeit ins Abseits geraten war, wie wir in der Einführung zu diesem Buch schon dargestellt haben. Hinton, zu dessen Vorfahren der berühmte Mathematiker George Boole gehört, ließ sich davon jedoch nicht abhalten. Nach Professuren in den Vereinigten Staaten fand er schließlich im nördlichen Nachbarland Kanada eine dauerhafte Akademikerbleibe, an der Universität in Toronto. International befand er sich weiterhin in einer absoluten Nische.

Dann geriet der Ansatz wieder in Bewegung – wegen der verfügbaren gewaltigen Datenmengen und der enorm gestiegenen Computerrechengeschwindigkeit. Schließlich erregte Hinton nicht nur das Interesse einer breiteren Öffentlichkeit, sondern auch eines potenten Geldgebers: Nachdem er mit zwei Studenten einen prominenten Bilderkennungswettbewerb im Jahr 2012 gewann, stellte ihn das Technologieunternehmen Google an, von Toronto aus.

Seither ist er erst recht ein Star auf Fachtagungen, seine Meinung immer häufiger gefragt, auch von der Allgemeinheit. Sein Erfolg ist auch abzulesen an der Karriere früherer Mitarbeiter: Der Informatikprofessor Yann LeCun ist KI-Forschungschef des sozialen Netzwerks Facebook, Ruslan Salakhutdinov hat ebenjene Position inne in Diensten des iPhone-Herstellers Apple.

„In den letzten Jahrzehnten entwickelten verschiedene Forscher grundlegende Lernalgorithmen, welche heute auf Milliarden Smartphones und anderen Rechnern das tägliche Leben erleichtern. Hinton hat viel zur Popularisierung dieser Algorithmen beigetragen", sagt Jürgen Schmidhuber anerkennend, der deutsche KI-Fachmann, der ebenfalls schon lange zur internationalen Spitzenklasse zählt – und sich mit Hinton auch schon eine persönliche Kontroverse geliefert hat. Ende des vergangenen Jahres regte Hinton dann abermals eine Debatte an: Er fragte, ob mancher derzeit angewendete KI-Ansatz nicht langsam an seine Grenzen stoße. Und machte einen neuen Vorschlag. Unter dem Schlagwort „Capsule Networks" schlug er vor, künstliche neuronale Netze künftig von vornherein mit mehr Struktur auszustatten – und zog auch dabei wieder eine Parallele zum menschlichen Gehirn und dessen Lernfähigkeit. Die endgültige Antwort darauf steht noch aus. Hinton, der am Nikolaustag des vergangenen Jahres seines siebzigsten Geburtstag feierte, wird die Debatte weiter verfolgen – nicht nur als Zuhörer.

Sie wollen der ganzen Welt Künstliche Intelligenz beibringen

Wuschelige Wirbelfrisur mit markanter blonder Strähne, gepflegter Sechstagebart, begeistert, freundlich – Siraj Raval ist auf der Videoplattform Youtube ein echter Star. Ungefähr 250.000 Nutzer haben seinen Kanal bislang abonniert, Tendenz steigend. Das Überraschende daran: Seine Videos, in denen er stets selbst zumindest unter den menschlichen Akteuren die Hauptrolle spielt, drehen sich um alles andere als ein Thema für die breite Masse. Siraj Raval erklärt komplizierte Mathematik, neue Ideen in der Informatik, er führt in Künstliche Intelligenz ein. Und zwar diejenigen, die davon bislang keine Ahnung haben, aber unbedingt Verständnis entwickeln wollen. Seine Inszenierung erinnert sehr an die beliebte Comedy-Fernsehserie „The Big Bang Theory", die sich um eine Nerd-Wohngemeinschaft dreht.

Raval führt zum Beispiel grundsätzlich in bestimmte Methoden der Künstlichen Intelligenz ein wie die im Moment viel besprochene Variante „Deep Learning", aber auch in sehr spezielle Bereiche, die sich hinter kompliziert klingenden Ausdrücken wie „Generative Adversarial Networks", „PyTorch" oder „Backpropagation" verbergen. Alleine seinen acht Minuten dauernden Deep-Learning-Einführungsfilm „How to make a prediction" („Wie man eine Vorhersage macht") haben sich beispielsweise schon mehr als 320.000 Nutzer angesehen.

Ein noch junges Projekt ist ein auf drei Monate angelegter Einstiegskurs darüber, wie Computer mittels intelligenter Programme lernen. An ersichtlicher Hingabe mangelt es ihm nicht, weder in den Videos noch in der Art, wie er sie etwa über den Kurznachrichtendienst Twitter ankündigt. „Mein neuer Maschinelles-Lernen-Kurs startet heute. Habe alles hineingegeben, was ich habe, mehr als jemals zuvor. Begleitet mich auf dieser Reise", teilte er dort etwa einmal mit.

Dass er sich selbst auf einer regelrechten Mission sieht, erklärt er so: „Als ich für sechs Monate durch Südostasien reiste, erlebte ich aus erster Hand die massiven Probleme, welche die Gesellschaft bewältigen muss. Probleme im Zusammenhang mit Umweltverschmutzung, Infrastruktur, Bildung. Mit menschlicher Intelligenz alleine würden wir Hunderte Jahre brauchen, um diese Probleme zu lösen. Ich realisierte, dass künstliche generelle Intelligenz unser Weg sein würde, um die Probleme in unserem Leben zu lösen, wenn wir sie richtig konstruieren. Ich entschied, mein Leben dem Ziel zu widmen, Menschen zu inspirieren und auszubilden für Künstliche Intelligenz."

Er selbst studierte Informatik an der Columbia Universität in New York, dort entwickelte er beispielsweise Algorithmen mit für Operations-Roboter. Danach wechselte er vorübergehend als Software-Entwickler ins kalifornische Silicon Valley, im Januar 2016 veröffentlichte er dann sein erstes Video auf Youtube. „Meine Familie hatte nie viel Geld, aber sie weckte in mir einen Sinn dafür, wie wichtig Bildung ist", sagt der im texanischen Houston geborene Sohn indischer Einwanderer. „Meine Eltern kauften mir den ersten Computer, als ich zwölf Jahre alt war, und ich verfiel der Technologie absolut von diesem Tag an."

Siraj Raval ist momentan vielleicht der quirligste, aber ganz und gar nicht einzige Experte, der im Internet kostenlose Kurse anbietet über dieses Thema. Ein anderer heißt Brandon Rohrer. Er studierte am Massachusetts Institute of Technology in Boston, arbeitete für Microsoft und steht mittlerweile in Diensten des sozialen Netzwerks Facebook. Nebenher betreibt er seinen eigenen Blog und veröffentlicht dort eine ganze Serie eigener Videos über maschinelles Lernen, Künstliche Intelligenz im Allgemeinen und Datenanalyseverfahren.

Als Internet-KI-Lehrer engagiert ist auch Luis Serrano. Seine ebenfalls englischsprachigen Lektionen können unter Titeln wie „A friendly introduction to Deep Learning and Neural Networks“ auf Youtube gefunden werden. Serrano ist promovierter Mathematiker und war Software-Entwickler für das Technologieunternehmen Alphabet, die Holding, zu der auch Google gehört. Mittlerweile ist er Teil des Teams für Künstliche Intelligenz der privaten Internetakademie Udacity. Sie bietet Kurse in vielen zukunftsträchtigen Themenfeldern an und zertifiziert den Absolventen auch erbrachte Leistungen inklusive Abschlusszeugnis.

Udacity wiederum gibt es seit dem Jahr 2012, Gründer ist der Deutsche Sebastian Thrun, selbst ein Ausnahmetalent. Der gebürtige Solinger studierte Informatik und promovierte sich Mitte der neunziger Jahre in Bonn. Wenige Jahre später wechselte er als Professor an amerikanische Universitäten, die in den Bereichen Informatik und speziell Künstliche Intelligenz zu den führenden Fakultäten auf der ganzen Welt zählen: erst an die Carnegie-Mellon-Universität in Pittsburgh und dann nach Stanford an die Westküste. Er baute mit seinen Kollegen dort einen selbstfahrenden VW-Touareg und gewann damit ein regelmäßig von der zum amerikanischen Verteidigungsministerium gehörenden Forschungsbehörde Darpa gesponsertes Autorennen.

Thruns Können fiel auch den Chefs von Google auf, das Unternehmen stellte ihn ein, Mitgründer Larry Page selbst engagierte ihn, um die zunächst geheimnisvolle Forschungsabteilung Google X aufzubauen. Thrun blieb gleichwohl begeisterter Lehrer. Eine wichtige Wegmarke war dann ein Einführungsseminar über Künstliche Intelligenz, das er Ende des Jahres 2011 im Internet anbot. Und das auf ein gewaltiges Interesse stieß: Ungefähr 160.000 Studenten hörten es an, mehr als 23.000 bestanden die Abschlussprüfung, ebenfalls im Internet. Thrun verabschiedete sich aus Stanford und gründete Udacity. Die Nachfrage nach den

Kursen wächst. Und es sind nicht nur Privatleute, die sich dafür entscheiden. Große Unternehmen schicken ihre Mitarbeiter in Udacity-Kurse auf Fortbildung.

In Deutschland wiederum bieten führenden Fachleute eine kostenlose Ausbildung in Künstlicher Intelligenz auf der Lernplattfom Mooc.House an. Dahinter stehen die Deutsche Akademie der Technikwissenschaften Acatech, deren Präsident der frühere SAP-Vorstandschef Henning Kagermann ist, und das Deutsche Forschungszentrum für Künstliche Intelligenz (DFKI). Namhafte Dozenten etwa des DFKI, des Hasso-Plattner-Instituts und des Fraunhofer-Instituts unterrichten dort ebenso wie Vertreter zum Beispiel der Unternehmen BMW, Google, Blue Yonder und Nvidia. Gestartet ist diese Internetvorlesung mit der Computermesse Cebit im vergangenen Jahr. Auch hier gibt es ein Zertifikat für diejenigen, die mitmachen.

Und schließlich hat sich unlängst ein Mann mit einer ganz großen Mission zurückgemeldet: Andrew Ng will nicht weniger tun, als der ganzen Welt KI beibringen. Der Stanford-Professor rief einst die Künstliche-Intelligenz-Abteilung Google Brain mit ins Leben und war an einem beeindruckenden Versuch vor sechs Jahren beteiligt, der neue Hoffnung für „Deep Learning“ weckte. Dann wechselte er als KI-Forschungschef zum chinesischen Suchmaschinenbetreiber Baidu, verließ das Unternehmen aber im Frühling des vergangenen Jahres überraschend – eine Nachricht, die den Börsenwert Baidus vorübergehend um mehr als eine Milliarde Dollar verringerte.

Seine Kurse bietet er auf der Internetseite Deeplearning.ai an, ausgerichtet werden sie über die von Ng schon vor Jahren gegründete Internet-Lernplattform Coursera. Ng verkündete das hochgesteckte Ziel seines neuen Projektes im Internet mit dem in dieser Branche nicht ungewöhnlichen Pathos so: „Ich hoffe, wir können eine KI-gestützte Gesellschaft erschaffen, die jedem erschwingliche

Gesundheitsversorgung bietet, jedem Kind personalisierte Bildung bereitstellt, günstige selbstfahrende Autos für alle erhältlich macht und sinnstiftende Arbeit für jeden Mann und jede Frau."

Ein Deutscher, dessen Ideen Google und Apple verwenden, erforscht KI in Oberösterreich

Oberösterreich hat sich in den zurückliegenden Jahren einen Namen gemacht – als die Industrielokomotive des gesamten Landes. Das an Bayern grenzende Bundesland will auch ein führendes Kompetenzzentrum für Künstliche Intelligenz schaffen. Personelles Aushängeschild dafür ist Sepp Hochreiter. Der aus Bayern stammende Informatiker ist ein international sichtbarer Spezialist auf dem Gebiet der künstlichen neuronalen Netze. Um ihn herum sollen sich hochkarätige Forscher in Szene setzen.

„Es geht um die Frage, wo wir die nötigen Kompetenzen aufbauen können, um uns von anderen Regionen im Wettbewerb um Unternehmen, Fachkräfte und Investoren abzuheben", gibt der stellvertretende Landeshauptmann Michael Strugl die Richtung vor. Dafür investiert allein die Landespolitik zwölf Millionen Euro. „Wir wollen aufbauend auf den bestehenden Stärken, eine klare Strategie von der Grundlagenforschung über die angewandte Forschung bis hin zur Anwendung in den Unternehmen entwickeln." Ziel sei es, Oberösterreich zur international sichtbaren Kompetenzregion für Künstliche Intelligenz zu machen und zu den fünf führenden Einrichtungen der Welt zu gehören. Ein ehrgeiziges Unterfangen.

Ein wichtiger Puzzlestein dabei ist die Gründung eines Labors für Künstliche Intelligenz an der Johannes-Kepler-Universität (JKU), mit dem ein Zentrum für Deep Learning entsteht, jedem Ansatz der Künstlichen Intelligenz, der sich an der vermuteten Funktionsweise des menschlichen Gehirns orientiert. Daneben gibt es allein an der JKU noch zahlreiche weitere Institute, die sich mit anderen Aspekten der Künstlichen Intelligenz befassen. Dazu kommen die außeruniversitären Forschungseinrichtungen RISC Software, Linz Center of Mechatronics (LCM), das Software

Competence Center Hagenberg (SCCH) und das K1-Zentrum pro2future, die Fachhochschule OÖ mit dem Campus Hagenberg, das Ars Electronica Center in Linz und die Cluster der oberösterreichischen Wirtschaftsagentur Business Upper Austria: IT-Cluster, Mechatronik-Cluster, Automobil-Cluster und Medizintechnik-Cluster. „Ich glaube, dass wir mit den Betrieben in Oberösterreich ein geschlossenes System haben, um einen solchen Leuchtturm zu bauen", sagt der stellvertretende Landeshauptmann Strugl.

Das neue Labor erforscht in einem interdisziplinären Ansatz die Zukunft der Computer-Wissenschaft. Im Zentrum stehen dabei künstliche Systeme, die zu einer intelligenten Wahrnehmung, Schlussfolgerung und Verhaltensweise fähig und zugleich in der Lage sein sollen, nach Strukturprinzipien des Schließens und Denkens reale Probleme zu lösen. Ziel ist die Erforschung fundamental neuer Technologien – durch Innovation in den Gebieten Software-Design, Programmiersprachen, Netzwerke, Computerarchitektur, Sicherheit, Energie. Das Labor mit Schwerpunkt künstliche neuronale Netze bedeutet für die Kepler-Universität ein Alleinstellungsmerkmal in Österreich.

Die Künstliche Intelligenz habe in den vergangenen Jahren mit Deep Learning Riesensprünge gemacht, berichtet KI-Experte Sepp Hochreiter, der auch Vorstand des Instituts für Bioinformatik der Johannes-Kepler-Universität ist. Bei Smartphone- und Internet-Technologien finde eine Revolution statt: IT-Riesen setzen auf Künstliche Intelligenz, vor allem auf Deep Learning, um Sprache zu erkennen, Bilder zu beschreiben, Texte zu analysieren und zu übersetzen. „Meine Erfindungen in der LSTM-Architektur (Long Short-Term Memory) sind um die Welt gegangen", erklärt Hochreiter und nennt bekannte Beispiele: Googles Android-Spracherkennung, das Voicemail-System des Internet-Konzerns und sein Übersetzer sowie Apples iOS 10 Quicktype. Die LSTM-Methode, die Hochreiter gemeinsam mit dem ebenfalls aus Deutschland stammenden

Informatiker Jürgen Schmidhuber in den neunziger Jahren auf den Weg brachte, befindet sich mittlerweile praktisch in jedem Handy. „Milliarden von Nutzern verwenden sie tagtäglich", sagt er. Mit seinem Team an der JKU ist er dabei, die Deep-Learning-Methoden wie LSTM stetig weiterzuentwickeln.

Und gemeinsam mit Unternehmen aus der Industrie und Start-ups bildet dieses Netzwerk die Basis für eine notwendige Spezialisierung und Vertiefung des (Anwendungs-)Wissens. Ein Beispiel ist, dass Audi die Forschung für autonomes Fahren auch gemeinsam mit Hochreiter in Linz betreibt. Für die Landespolitiker geht es letztlich darum, mit all diesen Maßnahmen die Wettbewerbsfähigkeit und damit die Standortattraktivität Oberösterreichs zu verbessern.

Hintergrund für den Schwerpunkt in Oberösterreich ist die von Experten erwartete Bedeutung der Künstlichen Intelligenz. Sie werde das nächste Jahrzehnt wesentlich prägen und alle Bereiche des Lebens und der Wirtschaft durchdringen, argumentiert Burton Lee, Spezialist für Europäische Innovation an der Universität Stanford, der den Oberösterreichern beratend zur Seite steht. Daher sei es wichtig, die bestehenden Stärken der Region im Zuge der Digitalisierungsstrategie auszubauen und weiterzuentwickeln. Kurz- und mittelfristig sollen die auf Künstliche Intelligenz bezogenen Themen in industrielle Anwendungen gebracht und Kooperationen mit Unternehmen ausgebaut werden. Es wird damit gerechnet, dass weitere Softwareunternehmen gegründet werden. Und nicht nur Automobilhersteller nutzen verstärkt Künstliche Intelligenz. Der Online-Versandhändler Zalando ist ebenfalls am Linzer Knowhow interessiert. Er finanziert ein Projekt, bei dem Deep-Learning-Methoden eingesetzt werden, um neueste Modetrends aufzuspüren. Beispiel für Künstliche Intelligenz aus Oberösterreich ist ein vollautomatisierter Blechbiegeautomat.

Mit Künstlicher Intelligenz macht in Oberösterreich indes über die Wissenschaft hinaus auch die Kunst von sich reden. Das letztjährige Ars Electronica Festival in Linz stand unter dem Zeichen von „AI – das andere Ich“. Die jährliche Kulturveranstaltung dient der Förderung von Kunst in Verbindung mit Technik und gesellschaftlichen Fragen. Das letzte Mal setzte sie sich mit der Künstlichen Intelligenz und der Reaktion der Menschen darauf auseinander.

Hier sind Deutschlands Spitzenlabore

Die Intelligenz der Zukunft kommt aus den Laboren der Wissenschaft und erreicht nun den Alltag. Sprechende Handys; riesige Fabriken, die sich selbst steuern; Roboter, die im Operationssaal stehen, Aktien handeln oder kranke Menschen pflegen. Was vor wenigen Jahren noch Science-Fiction war, gewinnt heute an Gestalt: Künstliche Intelligenz ist auf dem Vormarsch. „Die vergangenen siebzehn Jahre hat sich so gut wie niemand wirklich dafür interessiert, was wir hier machen", sagt Christian Bauckhage. Einige Computer- und Software-Spezialisten vielleicht, ein paar Nerds, Roboter-Ingenieure und vor allem die Fans von Science-Fiction. „Nun stehen sie alle vor der Tür", sagt er. Autokonzerne, Banken, Versicherer, Pharmahersteller sowie Headhunter aus dem Silicon Valley rufen täglich an.

Bauckhage lacht. Er ist Professor an der Universität in Bonn und einer der führenden Wissenschaftler für maschinelles Lernen am Fraunhofer Institut für Intelligente Analyse- und Informationssysteme (IAIS) in Sankt Augustin. Eine Kleinstadt zwischen Köln und Bonn. Er arbeitet mit seinen Studenten an einem jener Entwicklungslabors, an dem Visionen und Theorien in mathematische Algorithmen gefasst, in Software gegossen und auf Computerbildschirme gebracht werden. Er arbeitet am Morgen.

Seit sich am Institut für Informatik der Universität Bonn Mitte der siebziger Jahre rund um den Computerwissenschaftler Gerd Veenker die ersten Kybernetiker, Informatiker und Mathematiker in Deutschland trafen, um das Thema der künstlichen Gehirne anzupacken, hat sich vieles getan: Es wurden grundlegende Werke geschrieben; zudem viel phantasiert und gerechnet. Im Zentrum der Spekulationen stand die Maschine der Zukunft. Sie wird nicht mit Dampf oder Öl betrieben, sondern mit Daten gespeist.

Etwa 250 Kilometer weiter im Süden sitzt Wolfgang Wahlster. Er ist Professor für Informatik und einer der Pioniere der KI-Entwicklung in Deutschland. Vor allem aber ist er wissenschaftlicher Geschäftsführer des Deutschen Forschungszentrums für Künstliche Intelligenz (DFKI). Es ist mit seinen 880 Mitarbeitern in Saarbrücken, Kaiserslautern, Bremen, Berlin und Osnabrück eines der größten Forschungszentren der Welt für die Künstliche Intelligenz. Von hier aus wurden viele Themen angeschoben, vor allem in der Spracherkennung durch Maschinen.

Rund 80 Unternehmensgründungen aus dem DFKI heraus mit heute 3700 Mitarbeitern zeigen, dass die Forschungen nicht nur zu theoretischen Erkenntnissen führten, sondern auch praktische Anwendungen fanden. „Künstliche Intelligenz erlebt eine Blütephase“, sagt Wahlster. Er spürt das auch an der Fülle von Aufträgen, von denen sich sein Forschungszentrum ausschließlich finanziert. Ähnlich geht es den Instituten der Fraunhofer-Gesellschaft; viel Geld fließt ihnen derzeit zu. Fördermittel, Aufträge, Einnahmen aus Patenten und Lizenzen. Die Institute sind wahre Ideenschmieden. Hier wurde schon der MP3-Player aus der Taufe gehoben; hier wurde erstmals weißes LED-Licht erzeugt; hier haben sie aus dem Licht einer Zimmerlampe einen Internetzugang gebaut. Nun stehen bei Deutschlands Forschungselite digitale Daten ganz oben auf der Agenda. Und die werden Maschinen zu Robotern machen.

Ein Schwerpunkt der Forscher in Saarbrücken sind sogenannte körpernahe Systeme der Künstlichen Intelligenz. Mit ihnen können Körpersignale aufgezeichnet und ausgewertet werden. Das Ziel: gesunde Menschen, Vorbeugung von Infarkten, Erkennen von Krankheiten, bevor sie ihre verheerenden Wirkungen entfalten. Mit solchen körpernahen Messungen können aber auch Tätigkeiten und Handlungen nachgezeichnet und ihre Vollständigkeit oder ihr Einfluss auf das menschliche Wohlbefinden beurteilt werden.

Dafür ist noch viel Arbeit notwendig. Saarbrücken bündelt seine Mittel.

Auch in Sankt Augustin steht die Anwendung Künstlicher Intelligenz in der Medizin ganz oben auf der Agenda. Vor den Toren Bonns insgesamt fünf Institute der Fraunhofer Gesellschaft auf einem Campus rund um das hundert Jahre alte Schloss Birlinghoven. Eine idyllische Landschaft. Die Institute hier beschäftigen 600 Wissenschaftler. Die erforschen Grundlagen der KI und arbeiten an deren praktischen Anwendungen. „Was bei uns in der Branche in den vergangenen fünf Jahren passierte, ist atemberaubend. Das stellt alles in den Schatten, was in den Jahren vorher geschah", sagt Dirk Hecker, Geschäftsführer der Fraunhofer Allianz Big Data. In der Allianz schlossen sich 29 der insgesamt 69 Fraunhofer Institute zusammen, um die Forschung rund um riesige Datensätze zu verstärken. Denn zuerst waren hochleistungsfähige Computerchips da. Dann kam das Internet. Dann die Handys und die Smartphones. Mit ihnen wurde die Rechentechnik mobil. Sie hielt Einzug in den Alltag.

Und das ließ das Datenvolumen explodieren. „Was wir hier heute sehen, ist aber erst der Anfang", sagt Hecker. Denn „von Maschinen, die wirklich denken können, also von richtiger Intelligenz, sind wir vielleicht noch zehn Jahre entfernt", meint Bauckhage. Es werde noch viel experimentiert und vieles erprobt. Es werden Geschäftsmodelle gesucht und Anwendungen in der Industrie. Die klassische Wirtschaft stellt sich neu auf. „Wir sehen jetzt erst einmal eine Entwicklung, in die enorme Ressourcen fließen, die für viele junge hochtalentierte Leute wie ein Magnet ist", sagt Hecker.

Und diese Studenten sind begehrt. Zum Beispiel Ying Jiang. Sie klappt ihren Laptop auf wie eine Schatztruhe. Ying kommt aus China. Sie beschäftigt sich in Sankt Augustin mit dem Einsatz Künstlicher Intelligenz in der Öl- und Gasindustrie. Sie steht in einem riesigen

Saal. Hohe Fenster, hohe Decke, schwere Trägerbalken. Früher haben sie hier Roboter getestet. Heute stehen große Bildschirme und ein paar Tische für die Computer in der Halle. Die große Leinwand flackert auf. Ein dreidimensionales Bild, eine Landschaft von oben und geologische Gesteinsformationen von unten. Viele Striche und viele graue Schattierungen. Ying legt ihr Programm über das Bild. Ihre Software kann Muster nicht nur erkennen, sondern auch analysieren und klassifizieren. Dafür hat Ying sie trainiert. Mit mehr als tausend kleinen Tests. Nun kann die Software sich selbst beibringen, was für den jeweiligen Betrachter wichtig ist und was nicht. Sie weiß, wo tief in der Erde das schwarze Gold liegt; sie weiß auch, wie man daran am besten rankommt. Die Maschine zeigt ihr den Weg. Ying spricht von Technologien wie Deep-Neuro-Networks und Natural-3D-Human Computer Interaction sowie davon, dass dieses Netzwerk sein Vorbild im menschlichen Gehirn hat.

Mit dem menschlichen Gehirn beschäftigt sich auch Markus Wenzel. Er ist heute vom Fraunhofer Institut for Medical Image Computing in Bremen nach Sankt Augustin gekommen. Er arbeitet an einer Art von Präzisionsmedizin und ist mit seinem Rechner dem Krebs auf der Spur. Er speist ihn mit Aufnahmen vom Inneren eines Kopfes. Ein menschliches Gehirn erscheint auf dem Bildschirm. Wenzel hat die verschiedenen Hirnteile eingefärbt, um sie besser zu sehen. Bunte Bilder für die Spurensuche. Die erfordert mehr Daten, als ein Mensch binnen seines Lebens verstehen kann. Ohne Rechner geht da gar nichts. „Die Maschine weiß von selbst, was sie da zu tun und was sie zu lassen hat", sagt Wenzel.

Wie die Forscher in Bonn blicken auch die Wissenschaftler in Saarbrücken weit in die Zukunft. Sie haben sich für die kommenden zehn Jahre ein ehrgeiziges Programm verpasst. KI-Pionier Wolfgang Wahlster hat dafür fünf Schwerpunkte definiert. Die werden wohl auch seinen Nachfolger noch lange beschäftigen. Es geht um maschinelles Lernen. Der Computer soll hier schneller werden, nicht mehr tausend Lehrstunden brauchen, sondern vielleicht nur noch hundert oder fünfzig oder zehn. Wahlster nennt es Deep Learning, die Vernetzung künstlicher neuronaler Ebenen. Der Mensch lernt vor allem durch Nachahmung. Er imitiert. Dem Computer fällt schwer, aus kleinen Datenmengen weitreichende Einsichten zu gewinnen.

In einem zweiten Schwerpunkt geht es für die Saarbrücker Wissenschaftler um die Industrie, um die sogenannte Langzeitautonomie. Also darum, dass technische Systeme lernen, sich über die Zeit hinweg selbst zu verbessern. Das ist wichtig für die Arbeit von Fabriken. „Wir wollen in vier Wochen die Ausschussquote um 10 Prozent senken“, sagt Wahlster. Wichtig für das verarbeitende Gewerbe sind auch sogenannte hybride Teams, in denen mehrere Roboter mit mehreren Menschen so zusammenarbeiten, dass jeder seine „persönlichen“ Fähigkeiten einbringen kann. Ein dritter Schwerpunkt soll nach seinen Worten die sogenannte Ultrakonnektivität sein: Objekte werden zu Subjekten. Denn die Dinge des Alltags können dank der letzten Entwicklungen in der Sensoren- und Datentechnik sehr viel kleinteiliger vernetzt werden als heute über das Internet. Dann sollen alle Gegenstände nicht nur Daten übertragen, sondern auch technisch mit Kameras, Mikrofonen und Lautsprechern. Augen, Mund und Nase für die Maschine.

Mit Science-Fiction haben die Forschungen dennoch nichts zu tun. Wahlster und Bauckhage wenden sich gegen die Angstmacher, die davor warnen, dass Maschinen die Macht übernehmen. „Das ist Unsinn“, sagt Wahlster. Denn es gebe einen wichtigen Unterschied, findet er: Die Maschine arbeite elektrisch, das Gehirn biomechanisch. Was genau sich im Kopf eines Menschen abspielt, ist unbekannt. „Computer können Emotionen erkennen und interpretieren, doch sie werden nie Emotionen im menschlichen Sinn haben.“ Wahlster ist überzeugt, dass der Fortschritt nichts daran ändert, dass auch weiterhin die Menschen die Maschinen kontrollieren und nicht umgekehrt. „Vor zwanzig Jahren hat der Deep-Blue-Supercomputer den Schachweltmeister Garri Kasparow geschlagen“, sagt Bauckhage. „Und das ist genauso, wie auf einem automatisierten Webstuhl mehr Stoff verwebt wird als auf einem Handwebstuhl.“

Ringen um die klügsten Köpfe

Die Nachricht schlug in der akademischen Welt wie eine Bombe ein: Vor zweieinhalb Jahren warb der Fahrdienst Uber auf einen Schlag vier Dozenten und Dutzende Forschungsmitarbeiter der Carnegie Mellon University in Pittsburgh ab. Das Unternehmen holte sich damit Verstärkung für eine gerade gegründete Forschungseinheit, die an autonomen Fahrzeugtechnologien arbeiten sollte. Es hatte sich für sein Manöver eine renommierte Adresse herausgesucht: Neben der Stanford University im Silicon Valley und dem Massachusetts Institute of Technology (MIT) in der Nähe von Boston gilt Carnegie Mellon als eine der besten akademischen Institutionen auf dem Gebiet der Künstlichen Intelligenz (KI), das bei der Entwicklung selbstfahrender Autos eine große Rolle spielt.

Die Massenrekrutierung durch Uber warf viele Fragen auf. Zum Beispiel: Müssen Spitzenuniversitäten auf Zukunftsfeldern wie KI ein Abwandern ihrer besten Kräfte in die Wirtschaft fürchten? Oder: Könnte darunter die Ausbildung der Studenten leiden? Und schließlich: Wie kann eine renommierte Universität als Arbeitgeber überhaupt mit finanzkräftigen Technologiegiganten konkurrieren? Andrew Moore ist Dekan der Fakultät für Informatik von Carnegie Mellon, wo die zu Uber gewechselten Mitarbeiter beschäftigt waren, und er sieht solche Abwerbungen nicht als Einzelfall. „Viele Universitäten sind hart getroffen worden, KI-Spezialisten sind sehr gefragt“, sagt er. Moore zeigt Verständnis für Kollegen, die dem Ruf der Wirtschaft folgen. In Disziplinen, die mit Künstlicher Intelligenz zu tun haben, bekämen schon Studienabsolventen von Unternehmen mitunter Einstiegsgehälter um die 200.000 Dollar im Jahr geboten. Und damit mehr, als selbst langjährige Informatikprofessoren in Amerika üblicherweise verdienten. „Professoren sind oft Idealisten und wollen gar nicht zu dem einen Prozent der Topverdiener gehören. Aber wenn sie Familie und Kinder haben und sehen, was Kollegen in der freien

Wirtschaft verdienen, dann kann die Versuchung groß sein", sagt Moore. Er will indessen die Verluste von Personal an Uber nicht überbewerten. Es sei zwar eine „Unannehmlichkeit" gewesen. Aber im gleichen Jahr habe seine Fakultät auch 17 neue Dozenten angeheuert. „Am lästigsten war, dass alle auf einmal Mitleid mit uns hatten, so als ob jemand in der Familie gestorben wäre", sagt er. Dabei sehe er das Interesse von Unternehmen an seinem Personal auch positiv. Schließlich festige es den guten Ruf von Carnegie Mellon.

Nach seiner Meinung bringe es ohnehin wenig, Kollegen aufhalten zu wollen, wenn diese geködert werden. „Unsere Strategie ist: Anstatt dagegen zu kämpfen, ermutigen wir unsere Leute sogar, in die Wirtschaft zu gehen", sagt Moore. Das geschieht freilich in der Hoffnung, dass sie eines Tages wieder zurückkommen und dann dank ihrer Erfahrungen in Unternehmen noch wertvoller für Carnegie Mellon sind. „Wenn ich jemanden einstelle, dann sage ich: Ich freue mich für dich, wenn du uns für ein paar Jahre verlässt, und danach wirst du hier wieder extrem willkommen sein." Moore schätzt, dass etwa die Hälfte seiner zu Unternehmen gewechselten Mitarbeiter früher oder später wieder an die Universität zurückkehren. Das könne aus Idealismus geschehen oder auch weil die Arbeit an der Universität im Vergleich zu den noch so renommierten Unternehmen als größere intellektuelle Herausforderung gesehen wird. „Viele Akademiker haben einfach diese Neugier, sich mit wirklich grundlegenden Fragen zu beschäftigen", sagt Moore über den Reiz des akademischen Umfelds. Besonders gefällt ihm die Lösung, die Ruslan Salakhutdinov gefunden hat. Der Dozent in der Abteilung für maschinelles Lernen an der Informatikfakultät ließ sich vom Tech-Unternehmen Apple als Chef der Forschungsaktivitäten rund um das Thema Künstliche Intelligenz rekrutieren, behielt aber seinen Posten an der Universität. Er verbringt nach Angaben von Moore jetzt 20 Prozent seiner Zeit bei Apple und den Rest bei Carnegie Mellon.

Die Erfahrung eines Seitenwechsels hat wiederum auch Moore selbst gemacht. Der gebürtige Brite wurde im Jahr 1993 Professor an der Carnegie Mellon, ging im Jahr 2006 zum Internetkonzern Google und kam im Jahr 2014 zurück an die Universität, um das Amt des Dekans anzunehmen. Rückblickend sagt er, dass er mit allen seinen Karriereschritten zufrieden sei. Google habe ihm die Chance gegeben, zu verstehen, wie sich Forschung in kommerzielle Anwendungen übersetzen lässt. Es habe ihn dann aber auch wieder gereizt, in die akademische Welt zurückzukehren.

Auf dem Gebiet der Künstlichen Intelligenz sieht Moore Carnegie Mellon auf Augenhöhe mit Stanford und dem MIT, alle drei Universitäten seien hier „großartig". Er meint aber, dass seine Institution am breitesten aufgestellt sei. „Wir haben Experten in so vielen verschiedenen Feldern", sagt er. „Wenn jemand hierherkommt und sich mit etwas sehr Spezifischem wie dem computergestützten Erkennen von Gefühlen auf menschlichen Gesichtern beschäftigen will, dann wird er etliche Kollegen finden, die schon daran arbeiten." Carnegie Mellon war auch die erste amerikanische Hochschule, die eine eigene Abteilung für maschinelles Lernen gründete und Doktortitel in dieser wichtigen KI-Disziplin vergab. Nach Angaben von Moore haben Absolventen seiner Fakultät keinerlei Schwierigkeiten auf dem Arbeitsmarkt. Die Universität spare sich heute die früher üblichen Umfragen, wie viele Absolventen einen Arbeitsplatz finden, da es zuletzt immer 100 Prozent gewesen seien.

Gegenüber dem Konkurrenten Stanford hat Carnegie Mellon aber zumindest in einem Punkt Rückstand, wie Moore zugibt. Während von seinen Absolventen nur 5 bis 10 Prozent eigene Unternehmen gründeten, seien es in Stanford, wo in unmittelbarer Nachbarschaft Technologiegiganten wie Google und Facebook zu Hause sind, um die 40 Prozent. Dort sei das „Ökosystem" für Unternehmensgründungen ganz anders, meint Moore. Die meisten Studenten hätten Freunde, die schon Unternehmen gegründet hätten, und das mache die Vorstellung leichter, es selbst zu versuchen. Zwar kann Moore selbst auf die eine oder andere Erfolgsgeschichte verweisen, etwa das von einem seiner Dozenten gegründete und auf Gesichtserkennung spezialisierte Unternehmen Faciometrics, das im vergangenen Jahr von Facebook gekauft wurde. Aber er würde sich wünschen, dass es mehr solcher Beispiele gäbe.

Um seine Position auf dem Gebiet der Künstlichen Intelligenz weiter zu stärken, hat Carnegie Mellon eine weitere Initiative angestoßen. Die Informatikfakultät will die bislang über ihre sieben Abteilungen verstreuten KI-Aktivitäten miteinander integrieren. Das soll Studenten nach Worten von Moore einen Blick über ein spezifisches Fach hinaus auf die verschiedenen Facetten dieses Feldes eröffnen.

Carnegie Mellon mit seinen knapp 14.000 Studenten rühmt sich, nicht nur an abstrakten Fragen zu arbeiten, sondern auch konkrete Anwendungen für Künstliche Intelligenz zu entwickeln. Moore nennt als Beispiel ein System, das Spender und Empfänger menschlicher Nieren zusammenbringt und damit Hunderte lebensrettender Transplantationen ermöglicht habe. Oder eine Technologie, die mit maschinellem Lernen dabei helfe, Opfer von Menschenhandel zu finden. Oder ein Netzwerk von mit Künstlicher Intelligenz aufgerüsteten Ampeln im Umkreis der Universität in Pittsburgh, das den Verkehrsfluss verbessere.

Auch an einigen der bekanntesten spielerischen Triumphe von Maschinen über Menschen hatte Carnegie Mellon einen Anteil. Der vom Technologiekonzern IBM entwickelte Computer Deep Blue, der im Jahr 1997 den damaligen Schachweltmeister Garri Kasparow bezwang, hatte seine Ursprünge in den Laboren der Universität. Auch bei der Entwicklung des IBM-Hochleistungsrechners Watson, der 2011 in der amerikanischen Fernseh-Quizshow „Jeopardy" seine menschlichen Mitkandidaten schlug, spielten Forscher von Carnegie Mellon eine große Rolle. Und das an dieser Universität kreierte schlaue Computerprogramm Libratus besiegte einige der besten Pokerspieler der Welt. Poker ist noch einmal eine ganz andere Herausforderung als Schach oder auch als das asiatische Brettspiel Go, denn die Informationslage ist unvollständig. Die Spieler wissen nicht, welche Karten ihre Mitstreiter haben, und der Sieg führt oft über Bluffs. Moore sagt: „Beim Poker muss man in exakt dem richtigen Maß bluffen. Blufft man zu viel oder zu wenig, werden das die anderen Spieler gnadenlos ausnutzen." Offensichtlich gelang es Forschern der Carnegie Mellon, ein Programm zu entwickeln, das diese Psycho-Tricks besser beherrscht als Menschen.

IV. Visionen, Gefahren und der Blick in die entfernte Zukunft

Wenn Gedanken Roboter steuern

Das Gebäude ist nicht auffällig. Es gibt einen Supermarkt, einen Versicherer, eine Arztpraxis, im Park gegenüber liegen Menschen in der Sonne. Hier, an der Engelbergerstraße, ganz in der Nähe des Freiburger Hauptbahnhofes, liegen die Büros des „Translational Neurotechnology Lab“ (TNT), einer Arbeitsgruppe der Uniklinik Freiburg. Dank ihrer Forschung könnten bald vielleicht epileptische Anfälle verhindert werden, Gelähmte mit Robotern kommunizieren oder Erkrankungen automatisiert diagnostiziert werden. Kurz: Ihre Forschung könnte die moderne Neurowissenschaft revolutionieren. Und das alles mit Hilfe von Künstlicher Intelligenz (KI).

Worum geht es genau? Neurowissenschaftler beschäftigen sich mit dem Aufbau und der Funktionsweise von Nervensystemen, also auch des menschlichen Gehirns. Dafür arbeiten sie mit sogenannten Elektroenzephalogrammen (EEGs). Hier werden Elektroden auf die Kopfhaut eines Menschen aufgetragen. Sie zeigen menschliche Hirnaktivität an. Bestimmte Muster im EEG können zeigen, was gerade im Kopf der Person vorgeht oder auch welche Krankheit die Person vielleicht hat.

„Das Problem ist: Die Entschlüsselung und Interpretation der vom EEG aufgezeichneten Hirnsignale ist gar nicht so einfach“, sagt Tonio Ball. Er hat früher als Neurochirurg im Uniklinikum gearbeitet, ist dann in die Forschung gewechselt und hat das TNT in Freiburg aufgebaut. „Mit den heutigen Methoden können wir nur etwa 90 Prozent richtig interpretieren.“ Und hier kommt Künstliche Intelligenz ins Spiel. Schlaue Computerprogramme könnten diese Muster bald schon deutlich schneller und besser interpretieren als der Mensch. Das funktioniert über eine der gerade angesagten KI-Methoden, durch sogenannte künstliche neuronale Netze. Dabei versuchen Forscher, bestimmte Aspekte des menschlichen Gehirns in einem Computermodell nachzubilden. Das Gehirn besteht aus einer größtenteils homogenen Zellmasse, den Neuronen, die über Synapsen miteinander verbunden sind und so elektrische Signale senden und empfangen. Im Computermodell werden Neuronen in einer Reihe von Schichten angeordnet. Diese Konstruktion kann dann lernen, aus einer großen Datenmenge heraus bestimmte typische Muster zu erkennen.

Die Forscher in Freiburg haben in den vergangenen Monaten Computerprogramme entwickelt, die diese Muster in EEGs deutlich besser erkennen als bisher. So könnte man sich vorstellen, dass Computer statt Menschen demnächst Gehirnerkrankungen diagnostizieren oder dass epileptische Anfälle früh erkannt und dann unterdrückt werden. Außerdem haben die Freiburger Forscher zusammen mit ihren Robotik- und Informatik-Kollegen eine Software entwickelt, mit der per Hirnsignal ein Roboter gesteuert werden kann. Das funktioniert so: Eine Testperson sitzt auf einem Stuhl und bekommt Elektroden an die Kopfhaut gelegt. Sie spricht und bewegt sich nicht, sondern steuert durch ihre Gedanken ein Menü und gibt so einem Roboter einen Befehl – er soll ihr ein Glas Wasser bringen, das auf einem anderen Tisch steht. Der Roboter kann von allein erkennen, wo im Raum sich das Glas Wasser befindet. Noch braucht er relativ lange, um das auszuführen. Aber für schwer gelähmte Personen, die weder sprechen noch sich bewegen können, wäre diese Art von Interaktion revolutionär.

Dabei sind die Ideen dahinter – künstliche neuronale Netze – eigentlich nicht besonders neu, sagt der Informatiker Robin Schirrmeister, der über maschinelles Lernen und Gehirnsignale eine Doktorarbeit schreibt. Aber erst in den vergangenen Jahren wurde das Modell praktikabel, auch dank der deutlich verbesserten Rechenleistung heutiger Computer. Denn die Systeme sind sehr komplex. Je mehr künstliche Neuronenschichten übereinandergestapelt werden, desto besser wird oft das Ergebnis. Vor allem in der Bilderkennung hat es in den vergangenen Jahren spektakuläre

Fortschritte gegeben. Computer haben gelernt, mit nahezu 100-prozentiger Wahrscheinlichkeit Personen oder Gegenstände auf Bildern eindeutig zu identifizieren. Anfang des Jahres sorgte ein Beitrag im Fachmagazin „Nature" für Aufsehen, dem zufolge ein Algorithmus gelernt hat, Hautkrebs genauso gut zu erkennen wie Dermatologen. Weil die Fragestellungen in der Neurowissenschaft analog erscheinen, sind die Forscher sehr zuversichtlich, in den kommenden Monaten weitere Fortschritte zu machen. „Die Ergebnisse jetzt sind erst der Anfang", sagt Ball. Und zwar sowohl in der Forschung als auch in der Anwendung. Dazu arbeitet seine Arbeitsgruppe mit dem Start-up Cor-Tec zusammen, schon bald soll es die ersten klinischen Studien geben. Noch „wenige Jahre" dürfte es dauern, bis die Ideen seines Teams in der Medizin Anwendung finden, schätzt er.

China – wenn Künstliche Intelligenz zur Religion wird

Wenn Chinas bekanntester Unternehmer, der Gründer des Technologiekonzerns Alibaba Jack Ma, über Künstliche Intelligenz spricht, werden Erinnerungen wach an die ökonomischen Vorstellungen von Marx. In den nächsten 30 Jahren werde die Planwirtschaft ein Comeback erleben, sagt Ma. „Wenn wir Zugang zu allen Daten haben, finden wir die ‚unsichtbare Hand des Marktes'." Die Technik mache es möglich, die Marktkräfte „vorherzusagen und zu planen", so Ma. Am Ende erlaube dies, „die Planwirtschaft zu verwirklichen". Das klingt nicht nur esoterisch. Tatsächlich ist Künstliche Intelligenz in China zur Religion geworden. Sämtliche Probleme, die der rasante Aufstieg der Volksrepublik zur zweitgrößten Wirtschaft geschaffen hat, soll diese Technologie lösen. So prophezeien das die Eliten der Milliarden-Nation.

Den 100 chinesischen Städten, die jeweils mehr als eine Million Bewohner aufweisen, droht der Verkehrskollaps? Künstliche Intelligenz soll die Straßen von Staus befreien. Chinas Gesellschaft droht die Vergreisung? Roboter sollen die schwindenden Fabrikarbeiter ersetzen. Chinas Produktivität schwächelt, die Schulden türmen sich und die Luftverschmutzung nimmt weiter zu statt ab? Alles lösbar durch riesige Datenmengen, auf deren Grundlage selbstlernende Maschinen die perfekte Welt schaffen. So sieht es nicht nur die politische Führung. Jeder chinesischer Internetkonzern von Alibaba bis Tencent verfügt inzwischen über eine Abteilung für Künstliche Intelligenz. Deren Leiter wie etwa den ehemaligen Forschungschef des Suchmaschinenbetreibers Baidu, Andrew Ng, verehrt Chinas technikbegeisterte Mittelschicht wie Popstars. An der von Baidu für autonomes Fahren eingerichteten Plattform Apollo sind übrigens auch namhafte deutsche Unternehmen beteiligt wie Bosch, ZF Friedrichshafen und Continental.

Der Automatisierung trauen selbst Privatunternehmer zu, jene Idee zu verwirklichen, an der Marx, Mao und Honecker gescheitert sind. „In der Vergangenheit haben viele gedacht, dass der Kommunismus nicht erreichbar ist", sagt Liu Qiangdong, Gründer des Internethändlers JD.com, des nach Alibaba zweitgrößten chinesischen Onlinehändlers. Doch wenn Roboter anstelle von Menschen alle Arbeit verrichteten, könne die Regierung den Wohlstand verteilen. „Dann wird es keine Armen und keine Reichen mehr geben", jubelt Liu und enteignet sich gedanklich schon mal selbst: „Alle Unternehmen werden verstaatlicht." Dieser Satz schaffte es auf den Titel der Zeitung „Global Times", eines Sprachrohrs von Chinas Kommunistischer Partei. Selbst haben die Kader Künstliche Intelligenz als Machtinstrument entdeckt. In der Provinz Sichuan soll die „Smart Red Cloud" zwei Millionen Genossen überwachen. Der Computer errechnet von jedem Parteimitglied ein „Charakterbild" und prognostiziert künftiges Verhalten. Die Gesellschaft insgesamt will die Partei mit einem Punkteregime kontrollieren, das mit Hilfe Künstlicher Intelligenz nicht nur jene bestraft, die ihren Bankkredit nicht bedienen. Sondern auch alle, die ihre Eltern nicht oft genug besuchen, so wie es derzeit die Behörden in Schanghai erproben.

Das klingt eher nach Wahn als Vision. Tatsächlich liegen in Chinas Traum von der Künstlichen Intelligenz wie bei jeder Psychose Glück und Angst dicht nebeneinander. Die Chance, welche diese Technik dem Land bietet, betrachtet die Führung auch als Gefahr. Und es sind nicht nur die fünf Millionen Arbeitsplätze, die Chinas Präsident Xi Jinping in seiner Rede auf dem Hamburger G-20-Gipfel 2017 als von der Automatisierung bedroht beschwor. Mehr noch fürchtet China, etwas zu verpassen. Bis heute leidet die Nation unter dem Trauma, dass das Kaiserreich mit Beginn des 19. Jahrhunderts von der führenden Volkswirtschaft der Welt zur rückständigen Agrargesellschaft mit geschätzt 45 Millionen Hungertoten herabstieg. Mit den Worten, es gäbe „nichts, was wir nicht besäßen", hatte Kaiser Qianlong im Jahr 1793 ein Handelsabkommen mit dem englischen König George III. zurückgewiesen. Es folgten die koloniale Invasion und Chinas Rückfall hinter die ökonomische und technologische Überlegenheit des Westens, die einhundert Jahre andauern sollte. Niemals wieder, so hat es bereits Mao befohlen, dürfe China eine industrielle Revolution verpassen.

Also strebt Peking im Bereich der Künstlichen Intelligenz die Weltherrschaft an. Im Sommer 2017 veröffentlichte der Staatsrat den Plan, dass das Land in drei Jahren mit dem Westen gleichgezogen haben soll. Fünf Jahre später sollen Chinas Roboter und Datenmaschinen die Welt führen, im Jahr 2030 dominieren. Eine Billion Yuan werde die heimische KI-Industrie dann zur Wirtschaftsleistung des Landes beitragen, umgerechnet 127 Milliarden Euro, das ist der Plan. Den Wert der Branchen eingerechnet, die von Künstlicher Intelligenz insgesamt profitieren, kommt Peking gar auf das Zehnfache dieser Summe. Angesichts der Schätzungen von Beratern wie PWC, nach denen die Technik im Jahr 2030 fast 16 Billionen Dollar erwirtschaftet, klingt das nicht überdreht. Der von Peking angekündigte KI-Plan wurde im Ausland deutlich vernommen. In den Vereinigten Staaten ging und geht die Mahnung um, diesen Wettstreit auf keinen Fall verlieren zu dürfen. In Deutschland forderte der CDU-Politiker Thomas Jarzombek als Reaktion darauf: „Wir brauchen in der neuen Legislaturperiode sofort einen Masterplan, in dem Forschung und Wirtschaft zusammenarbeiten." Diese Technologie sei „so entscheidend, dass wir sie nicht China überlassen dürfen, wo es ein ganz anderes Menschenbild gibt".

Tatsächlich hat China Vorteile in der Entwicklung Künstlicher Intelligenz. 730 Millionen Internetnutzer generieren gewaltige Datenmengen. Nirgendwo auf der Welt ist die Smartphone-Dichte höher als im Reich der Mitte. Schließlich: In keiner anderen großen Ökonomie ist der Sinn für Datenschutz geringer. Wenn es darum geht, seine Kunden zu verstehen, ist der chinesische Internethändler

Alibaba schon weiter als der amerikanische Konzern Amazon. Über Websites und Apps sammelt das Unternehmen von Jack Ma Daten über Einkaufsverhalten, Medienkonsum, Logistikbedürfnisse, Zahlungs- und Kredithistorie, Suchpräferenzen, die Nutzung sozialer Netzwerke und über Schlagwörter in Suchmaschinen. Von mehr als einer halbe Milliarde aktiver Nutzer pro Monat errechnet Alibaba mehr als 8000 Kennwerte. Anstatt wie Amazon Vorschläge anhand von Bestellungen aus der Vergangenheit zu unterbreiten, schiebt Alibaba seine Kunden auch zu Marken und Produkten, die diese noch gar nicht kennen. Auch den Finanzbereich soll Künstliche Intelligenz aufrollen. „Mojie" heißt eine App der China Merchants Bank, die anstelle des Bankberaters das Geld der Nutzer anlegt. Aktien kauft und verkauft sie nach eigenem Ermessen. Nutzer haben in den Dienst bis heute 5 Milliarden Yuan eingezahlt. Das sind 636 Millionen Euro, womit die App der größte Finanzroboter Chinas ist.

2,6 Milliarden Dollar flossen im Jahr 2016 nach Angaben des Forschungsinstituts Wuzhen in chinesische KI-Firmen. Damit liegt China vor Großbritannien an zweiter Stelle, aber abgeschlagen hinter den Vereinigten Staaten, wo während dieser Zeit mit 17,9 Milliarden Dollar fast sieben Mal so viel in die Branche investiert wurde. Allerdings dürfte diese in China mit einer prognostizierten Rate von jährlich 50 Prozent sehr viel schneller wachsen. Und schon zeigen sich womöglich erste Übertreibungen. „Ungerecht hoch" seien die Gehälter, die in der Industrie für KI-Wissenschaftler gezahlt würden, sagt etwa Wang Xiaochuan vom Internetunternehmen Sogou. Die Investoren, die ihr Geld im unbeirrbaren Glauben an die bevorstehende Revolution in die Unternehmen gesteckt hätten, erwarteten zu hohe Renditen. Im Vergleich zu Amerikas Wettbewerbern seien Chinas KI-Start-ups „viel teurer".

Schon heute ist China der größte Robotermarkt der Welt. Dass der südchinesische Haushaltswarenhersteller Midea den Augsburger

Roboterhersteller Kuka gekauft hat, ist Ausdruck eines Dilemmas, das aus Jahrzehnten sozialistischer Fehlplanung entstanden ist: Weil wegen der Ein-Kind-Politik das Arbeitskräfteangebot sinkt und die Gehälter gleichzeitig schnell steigen, müssten Chinas Fabriken eigentlich mehr Leistung aus jedem Arbeiter herausholen, damit Einkommen und Wachstum nicht sinken. Das Gegenteil aber ist der Fall. Ein chinesischer Arbeiter schaffe nur ein Fünftel der Leistung eines Arbeiters in Amerika, schätzt das Forschungsinstitut Conference Board. In Indien liege der Produktivitätswert nur ein paar Prozentpunkte unter dem Chinas. Eine große Schwäche des fertigenden Sektors in China sei der Mangel an Qualität, hat der Schanghaier Industrieberater Georg Stieler auf seinen Reisen beobachtet. In den drei Jahrzehnten des Aufstiegs habe es vor allem immer schnell und günstig gehen müssen. „Doch ein Produkt von vorne bis hinten zu durchdenken, bis es tatsächlich perfekt ist, und das dann in den Produktionsprozess zu übertragen, ist kulturell in China kaum angelegt."

Richten soll dies die Künstliche Intelligenz. Schließlich seien die selbstdenkenden Roboter der Zukunft, hoffen viele chinesische Unternehmer, schneller und schlauer als die Wanderarbeiter. Diese religiöse Hoffnung, sagte im vergangenen März ein Podiumsteilnehmer auf dem „Automation Development Summit" im südchinesischen Guangzhou, erinnere ihn an den Berkeley-Philosophen Hubert L. Dreyfus. Dieser hatte im Jahr 1985 geschrieben, die Vorstellung, Fortschritte auf dem Weg zur Entwicklung intelligenter Maschinen zu machen, sei „wie der Glaube, dass jemand, der einen Baum hochklettert, Fortschritt auf dem Weg macht, den Mond anzufassen". Der Redner, nichtchinesischer Herkunft, ist Mitarbeiter von Huawei, dem innovativsten chinesischen Technik-Konzerns. Es gibt kaum eine chinesische Provinzregierung, die kein „Internationales Forum über das industrielle Internet" ausrichtet. So schnell jagt eine Roboter-Konferenz die andere, dass sich auf den Einladungsschreiben schon mal noch der Blindtext des Power-Point-Programms befindet.

Bevor Chinas Ministerpräsident Li Keqiang nach Deutschland reist, ist den Pekinger Diplomaten kaum etwas so wichtig wie jener Teil in der Abschlusserklärung des Staatsbesuchs, in dem der Automation unter dem Schlagwort „Industrie 4.0" das Wort geredet wird. Doch in den Fabriken in China, so berichten es die deutschen Hersteller, stünden die intelligenten Produktionslinien dann einsam in den Hallen herum und würden nicht in die Wertschöpfungskette integriert. Während sich aus den Datenmassen, die Internethändler wie Alibaba generieren, relativ einfach intelligente Programme entwickeln lassen, erfordert der Einsatz von Künstlicher Intelligenz in Fabriken oft individuelle Lösungen und ist dementsprechend kompliziert. Jeder zweite Roboter soll in zwei bis drei Jahren von chinesischen Herstellern sein, so sieht es die „Roboter-Revolution" vor, die Chinas Präsident Xi Jinping ausgerufen hat. Doch noch heute stammen geschätzt 70 Prozent aller in chinesischen Robotern verbauten Steuerungen aus dem Ausland. „Man kann keine industrielle Künstliche Intelligenz entwickeln, wenn man nicht die Grundlagen beherrscht", sagt Berater Stieler.

Ihren Glauben an die Roboterzukunft lässt sich Chinas Führung jedoch nicht nehmen. Nicht weniger als eine Weltsensation hatte Pekings amtliche Nachrichtenagentur Xinhua angekündigt, als im April 2017 die von heimischen Forschern in drei Jahren entwickelte Roboterdame Jia Jia ihr erstes Interview geben sollte. Übertragen wurde es auf Englisch im Internet auf der ganzen Welt. Die Kader waren offensichtlich guter Dinge. Aus der Universität in Hefei hatten sie eine Verbindung ins Silicon Valley aufgebaut. Die Fragen an Jia Jia sollte Kevin Kelly stellen, Gründer des Technikdiensts „Wired". Über den Roboter in Gestalt einer chinesischen Schönheit zeigte sich die Staatspresse am Ende zufrieden. Der Rest der Zuschauer war hingegen entsetzt. Wie viele Buchstaben das englische Alphabet enthalte, wusste Jia Jia nicht. Und auf die Frage, wo sich geographisch die Chinesische Mauer befinde, lautete die Antwort nonchalant, diese stehe „in China“.

Wenn Maschinen Krieg führen

Der amerikanische Unternehmer Elon Musk schrieb einmal auf dem Kurznachrichtendienst Twitter, der Wettlauf um Künstliche Intelligenz habe begonnen. Und es sei „sehr wahrscheinlich", dass er die Großmächte in den Dritten Weltkrieg führen werde. Musk bezog sich auf eine Aussage des russischen Präsidenten Wladimir Putin: „Wer immer auf diesem Gebiet führend ist, wird die Welt beherrschen." Der Unternehmer forscht selbst an Künstlicher Intelligenz, seine Firma Tesla entwickelt selbstfahrende Autos. Und Musk sorgt sich schon länger. Er verfasste 2017 zusammen mit Robotikexperten einen offenen Brief an die Vereinten Nationen, in dem sie die Weltgemeinschaft aufforderten, autonome Waffensysteme zu verbieten. Das sind Waffen, die selbstständig ein Ziel erfassen und angreifen. „Einmal entwickelt, werden sie bewaffnete Konflikte in nie gekannter Größenordnung und in einer Geschwindigkeit ermöglichen, die das menschliche Denkvermögen übersteigen", heißt es in dem Brief. „Wir haben nicht viel Zeit, um zu handeln. Wird diese Büchse der Pandora einmal geöffnet, wird sie nur schwer wieder zu schließen sein."

Solche Worte beschwören Filme wie „Terminator" herauf, Bilder von Killer-Robotern, die Menschen mit kalter Präzision eliminieren. Wollte Musk davor warnen? Vermutlich nicht. Dass Computer in naher Zukunft ein Bewusstsein entwickeln, halten Fachleute für unwahrscheinlich. Wer von Künstlicher Intelligenz spricht, meint meistens etwas anderes: selbstlernende Algorithmen. Das sind Programme, die eine genau umrissene Aufgabe erfüllen sollen, zum Beispiel: Durchforste einen Satz Fotos, und sage mir, auf welchen eine Katze ist. Dafür braucht der Algorithmus riesige Datenmengen. Man muss ihm Beispielfotos zeigen, auf denen Katzen zu sehen sind, und andere, auf denen keine sind. So lernt das Programm zu unterscheiden. Wie es das tut, ist ihm selbst überlassen. Es gibt keinen vorgeschriebenen Lösungsweg. Es geht auch nicht darum, eine abstrakte Vorstellung davon zu entwickeln, was eine Katze ausmacht. Entscheidend ist allein das Ergebnis, die Trefferquote. Und die ist in den vergangenen Jahren bei allen Algorithmen in die Höhe geschossen. Für das Leben in der Zukunft bedeutet das: Autos, die von allein fahren und vielleicht Heimassistenten, die viele Wünsche der Bewohner vorhersehen können.

Und eine neue Form des Krieges. Denn Rüstungsfirmen bauen mit diesen Algorithmen Waffensysteme, die eigenständig operieren, ohne menschliche Unterstützung. Sie können die bisherige Kriegsführung auf den Kopf stellen wie die Erfindung des Schießpulvers oder der Atombombe. Ein Beispiel: Das amerikanische Militär hat eine Drohne entwickelt mit dem Namen Perdix. Sie ist einige Zentimeter breit und sieht harmlos aus, wie ein ferngesteuertes Miniflugzeug. Kampfjets werfen Hunderte dieser Drohnen über dem Schlachtfeld ab, wo sie sich sammeln und einen Schwarm bilden. Die Armee hat das schon getestet. Der Drohnenschwarm kreiste so schnell am Himmel, dass Reporter Mühe hatten, ihn zu filmen. Bisher soll die Perdix-Drohne nur den Luftraum überwachen. Aber Militärexperten sagen, in Wahrheit stecke in ihr eine Angriffswaffe: Von Drohnen, die in der Lage sind, sich zu versammeln, ist es nur noch ein Schritt hin zu Drohnen, die im Verbund ein Ziel angreifen. Und von dort nur noch ein Schritt hin zu Drohnen, die selbst entscheiden, welches Ziel das lohnenswerteste ist. Alles nur eine Frage der Software. Man stelle sich folgendes Szenario vor: Das amerikanische Militär greift mit Perdix-Drohnen einen Truppenverband an. Tausende Drohnen mit Sprengstoff werden in der Nähe des Schlachtfeldes abgeworfen, bilden einen Schwarm und nähern sich dem Feind. Sie analysieren, wo Panzer stehen, wo sich die meisten Soldaten befinden, wo also die vielversprechendsten Ziele liegen. Und die greifen die Drohnen an. Dafür brauchen sie nicht zu verstehen, wozu eine militärische Formation gut ist, nicht mal, was ein Soldat ist. Sie müssen nur Erfolg haben.

Der Gegner könnte einem solchen Angriff kaum etwas entgegensetzen. Gegen einen Schwarm von Tausenden Minidrohnen gibt es noch keine wirksame Verteidigung. Die Drohnen sind wendig und können Beschuss ausweichen. Sie tauschen sich mehrmals in der Sekunde aus, schneller, als der Mensch reagieren kann. Es wäre ein ungleicher Kampf. Der Schwarm könnte Hunderte Soldaten töten, selbst wenn ein Teil im Feuerhagel explodiert. Der angreifenden Armee wird es nichts ausmachen, wenn nur wenige Drohnen zur Heimatbasis zurückkehren. Dann produziert sie eben neue. Es ist ein Leichtes, diese Waffe massenhaft herzustellen. Ihre Hülle könnte künftig mit einem 3D-Drucker ausgedruckt werden. Daran forscht das amerikanische Militär seit Jahren. Der Einsatz solcher Drohnen würde also fast nichts kosten. Schon gar keine Menschenleben, denn die Soldaten blieben ja zu Hause. Der Schaden, den die Drohnen anrichten könnten, wäre dagegen immens.

Genauso ist das mit unbemannten Booten. Im vergangenen Jahr testete die amerikanische Navy ein Schiff mit dem Namen „Sea Hunter". Es kann übers Meer fahren, sogar Hindernissen ausweichen, ohne dass ein Mensch eingreifen muss. „Sea Hunter" soll feindliche U-Boote aufspüren und jagen. Im Test verfolgte das Schiff ein U-Boot im Abstand von mehreren Kilometern. Es hat ein Sonar an Bord und die leistungsfähigsten Sensoren, die das Militär aufbieten kann. Schlafkojen gibt es keine und auch sonst nichts, was der Mensch zum Überleben braucht: keine Kombüse, Aufenthaltsräume oder Toiletten. Nur Abhörtechnik und Waffen. Der Einsatz von „Sea Hunter" kostet deshalb nur einen Bruchteil dessen, was für ein bemanntes Schiff anfällt. Aber die Navy will mehr; sie forscht bereits an selbstfahrenden U-Booten. Sie sollen den Feind beobachten und Ladungen transportieren. Sind solche Schiffe aber erst einmal erprobt, kann man sie mühelos bewaffnen. Sie gehen monatelang allein auf Tauchfahrt. Entdecken sie ein feindliches U-Boot, entscheiden sie selbst, was zu tun ist. Der Gegner wird die Schiffe kaum bemerken, denn dafür sind sie zu klein.

Und sie verraten sich auch nicht, denn Funksprüche setzen sie nur selten ab. Mit ihnen könnte gelingen, was den Atommächten im Kalten Krieg verwehrt war: gegnerische U-Boote in den Weltmeeren aufzuspüren und ihnen überallhin zu folgen.

Die Amerikaner sind übrigens nicht die Einzigen, die an solchen Waffensystemen forschen. Israelis, Chinesen und Russen tun es auch. Russland zum Beispiel stellte bereits einen Kleinpanzer vor, Ural-9, den Soldaten mit einem Joystick aus der Ferne steuern und dessen Maschinengewehr sie auf Knopfdruck abfeuern. Der Panzer ist für den Kampf in Städten ausgelegt. Hindernissen kann er selbst ausweichen. Eigenständig umherfahren kann er noch nicht, dafür werden ausgefeiltere Algorithmen benötigt als für autonome Waffensysteme in der Luft und zu Wasser. Man kann sich ausmalen, dass russische Militärs daran arbeiten.

Schon diese Beispiele zeigen, welche Begehrlichkeiten autonome Waffen wecken. Wer sie besitzt, hat enorme taktische Vorteile und spart dabei noch Geld. Das ist neu. Bisher kosteten die durchschlagendsten Waffen auch am meisten. Will ein Staat zum Beispiel über Atombomben verfügen, muss er unzählige Hürden überwinden: Zentrifugen errichten und Uran anreichern, Zünder beschaffen und Trägerraketen, die in der Lage sind, die Sprengköpfe ans Ziel zu bringen. Nicht so mit autonomen Waffen. Ist die Software einmal im Umlauf, stehen diese Waffen allen Kriegsparteien zur Verfügung, Großmächten, Schurkenstaaten und Terroristen. Auch Hacker könnten sich ihrer bemächtigen. Kritiker nennen das die „Demokratisierung des Krieges". Sie gefährdet die militärische Stabilität. In einem Bericht schreibt Frank Sauer von der Bundeswehr-Universität München, autonome U-Boote könnten das strategische Patt der Atommächte ins Wanken bringen: Bisher war es unwahrscheinlich, dass diese Staaten einander angreifen, denn: Selbst wenn es einer Armee gelungen wäre, alle gegnerischen Militärbasen dem Erdboden gleichzumachen – die

U-Boote des Feindes wären weiter in den Weltmeeren unterwegs gewesen, mit Atomwaffen bestückt. Sie hätten Vergeltung üben können. Auf dieser Angst vor dem atomaren Zweitschlag fußte die Zurückhaltung des Kalten Krieges. Was aber wäre, wenn der Gegner keine Atom-U-Boote mehr hat?

Gefährlich ist auch die Software selbst. Wie Algorithmen zu ihren Entscheidungen gelangen, bleibt dem Menschen (teilweise) ein Rätsel. Forscher arbeiten deshalb an Programmen, die andere Programme übersetzen sollen. Trotzdem kommen Algorithmen immer wieder zu bizarren Fehleinschätzungen. In Neuseeland beispielsweise sollte ein Programm die biometrischen Fotos von Einreisenden überprüfen. Doch die Bilder eines Asiaten lehnte es stets ab, obwohl sie in Ordnung waren. Der Computer behauptete, der Mann habe seine Augen geschlossen. Wenn selbstlernenden Algorithmen solche Patzer unterlaufen, wie erst sähen ihre Fehler im Krieg aus? Ein Drohnenschwarm etwa könnte zuerst ein unbedeutendes Ziel angreifen und sich damit den restlichen Truppen verraten. Oder der Feind könnte den Schwarm auf Zivilisten lenken, zum Beispiel, indem er sie zwingt, die gleiche Kleidung wie die Soldaten zu tragen.

Deshalb hat das amerikanische Verteidigungsministerium Pentagon in einer Direktive festgelegt, dass autonome Waffen nur dann einen Angriff führen dürfen, wenn ein Soldat die letzte Entscheidung hat. Das geht nur, wenn sie so langsam handeln, dass der Mensch noch mitkommt. Aber ist das überhaupt realistisch? Der Vorteil autonomer Waffen ist gerade ihre Schnelligkeit. Ein Drohnenschwarm kann seine Überlegenheit erst dann voll ausspielen, wenn er sich in Sekundenbruchteilen zum Angriff entscheidet. Muss erst ein Mensch zustimmen, hat die Waffe ihren wichtigsten Vorsprung verspielt. Das mag nicht ins Gewicht fallen, solange nur eine Armee autonome Waffen einsetzt. Kämpfen aber zwei autonome Waffensysteme gegeneinander, wird dasjenige im

Vorteil sein, das eigenmächtig entscheidet. In einer solchen Lage könnten Militärs dazu verleitet sein, ihre Befehlsgewalt freiwillig aufzugeben.

Diese Versuchung wächst, je mehr Waffensysteme miteinander verschaltet sind. Ein Zentralrechner, der eine ganze Armee übersieht, kann schneller ausrechnen, wann sich ein Krieg lohnt, als jeder General. Es sind also Zweifel angebracht, ob der Mensch die Hoheit über autonome Waffensysteme behalten wird. Das geben Militärs selbst zu. Im März 2016 stellte der damalige amerikanische Vize-Verteidigungsminister Robert Orton Work zwar klar: „Wir werden einer Maschine die Entscheidung über tödliche Gewalt nicht überlassen.“ Doch Orton fügte hinzu, dass es Gegner der Amerikaner tun könnten. In einem solchen Fall, „werden wir Entscheidungen treffen müssen, um mitzuhalten“. Es sei daher „unaufhaltsam“, dass Computergehirne selbst entschieden, tödliche Gewalt anzuwenden. „Das wird passieren.“

Trotz dieser Risiken sieht es nicht nach einem Verbot autonomer Waffen aus. Das Pentagon hat ihren Gebrauch mit seiner Direktive zwar beschränkt. Ausnahmen sind aber möglich. Wollte das Militär eine Waffe einsetzen, über die der Mensch keine abschließende Kontrolle hat, braucht es nur die Erlaubnis ranghoher Beamter aus dem Pentagon. Robotik-Experte Peter Asaro von der Universität Stanford sagt, der Passus schaffe außerdem Rechtssicherheit für Entwickler. Wer an Waffen arbeitet, die momentan noch verboten sind, muss sich nur ein paar Unterschriften besorgen. Einen Forschungsstopp braucht er nicht zu befürchten. Und auch die internationalen Bemühungen für einen Bann stocken. Im Dezember des Jahres 2016 schon trafen die Vertreter von mehr als hundert Staaten am Sitz der Vereinten Nationen in Genf zusammen. Es ging um die Frage, wie gefährlich autonome Waffen sind. Tagelang redeten sich Fachleute die Köpfe heiß. Am Ende einigte man sich darauf, eine Expertengruppe ins Leben zu rufen. Es war ein erster Schritt. Denn eine solche Gruppe kann den Einsatz autonomer Waffensysteme ächten und für völkerrechtswidrig erklären. Doch bevor es zur Abstimmung kam, bat der russische Vertreter um das Wort. Russland sei davon überzeugt, sagte er, dass die Formalisierung künftiger Diskussionen „voreilig wäre und keinen zusätzlichen Nutzen bringen würde". Anschließend beschlossen die Staaten zwar einstimmig, eine Expertengruppe einzusetzen. Aber Russland hatte seinen Standpunkt klargemacht: Ein Verbot autonomer Waffen wird es auf keinen Fall akzeptieren.

Undurchsichtige Intelligenzen

An der Künstlichen Intelligenz scheiden sich die Geister. Für manche stellen sie eine weitere, wenn nicht gar die entscheidende Bedrohung der Menschheit dar. Für andere werden es im Gegenteil die lernenden Maschinen sein, die in Zukunft unser Leben auf vielen verschiedenen Ebenen besser und sicherer machen werden. Auf welche Seite man sich in diesem Grundsatzstreit zwischen Technikoptimisten und -pessimisten auch schlagen mag – unbestreitbar ist, dass lernenden Algorithmen in vielen Bereichen immer größere Verantwortung übertragen wird, sei es in der Medizin, dem autonomen Fahren oder wenn es um die automatische Auswertung gigantischer, von wissenschaftlichen Experimenten erzeugten Datenmengen geht.

Der Grund dafür ist simpel: Wir Menschen sind heute zunehmend überfordert. Zu viele Informationen, zu viele Daten, zu viele Medien, zu wenig Zeit. Computer versprechen hier Hilfe, maschinelles Lernen ist das Zauberwort, das uns heute die Lösung vielfältiger Probleme liefert, ob es um die Durchsuchung der Bilddatenbank anhand von Suchbegriffen geht, um Übersetzungsprogramme oder Spracherkennung. Aufgaben, an denen sich Generationen von Programmierern die Zähne ausgebissen haben, werden heute handhabbar. Der Grund dafür: Während man lange überwiegend erfolgreich versuchte, den Computern die richtigen Programme aufzudrücken, lässt man sie heute die Algorithmen selbst anhand von Trainingsdaten entwickeln. Der Versuch, ein Übersetzungsprogramm explizit aufzuschreiben, scheitert an den Subtilitäten der Sprache. Wenn man aber einen Computer mit genügend Übersetzungsbeispielen füttert, kann er zugrundeliegende Muster erkennen und kontextuelle Informationen so einbeziehen, dass ein erfolgreicher Algorithmus generiert wird. Der Mensch funktioniert ganz ähnlich: Wir machen Erfahrungen, leiten Muster ab, und sobald

Erwartungen an den Gegebenheiten scheitern, passen wir sie entsprechend an.

Dass maschinelles Lernen eng mit dem Konzept der Künstlichen Intelligenz verbunden ist, scheint damit intuitiv klar. Intelligenz beruht auf Lernfähigkeit und darauf, sich an sich ändernde Bedingungen selbstständig anpassen zu können. Besonders erfolgreich sind dabei künstliche tiefe neuronale Netzwerke. Sie bestehen nach biologischem Vorbild aus mehreren Schichten miteinander verbundener künstlicher Neuronen. Der Grad des Einflusses der künstlichen Neuronen aufeinander ist für jede Verknüpfung veränderlich und kann hemmend oder erregend sein. Ein künstliches Neuron wird aktiviert, wenn ein bestimmter Schwellenwert unter dem Einfluss der mit ihm vernetzten Neuronen überschritten ist. Dann feuert es gemäß dem Grad seiner Aktivierung. Künstliche Neuronen einer Schicht empfangen Signale aus ihrer jeweilig vorgelagerten Schicht.

Oft werden diese Netzwerke für Klassifikationsprobleme genutzt, bei denen die unterste Ebene Inputdaten empfängt, beispielsweise Bildpixel, die von Ebene zu Ebene mit Hilfe zunehmend abstrakterer Konzepte verarbeitet werden. In einer Bildanalyse könnten so zunächst verschieden ausgerichtete Striche und Kanten erkannt werden, die dann auf höheren Ebenen zu längeren Linien, Bögen und Ecken kombiniert werden, bevor sie schließlich abstrakten Formen zugeordnet werden. Trainiert werden diese Netzwerke anhand von Trainingsdaten, bei denen der Output des Netzwerks mit bekanntem Output verglichen werden kann: Wenn beispielsweise Tiere auf Bildern erkannt werden sollen, kann anhand der Trainingsdaten geprüft werden, welche Erfolgsquote der Algorithmus tatsächlich besitzt, Pferdebilder in dieselbe Outputklasse „Pferd" einzuordnen. Falls nicht, passt der Algorithmus sich entsprechend an, um seine Performance zu verbessern. Die entscheidende Idee hinter dem „Deep Learning" ist nun, den Einfluss des Menschen im Lernprozess möglichst gering zu halten: Im Rahmen des Vielebenen-Aufbaus bestimmt der Computer selbst, wie die Inputdaten in immer abstrakteren Konzepten am besten repräsentiert werden können. Der Lernalgorithmus entdeckt alle Strukturen, die notwendig sind, um die Daten zu klassifizieren, ohne menschliche Hilfe eigenständig auf der Grundlage von Big Data – oder sollte dies zumindest.

In den vergangenen Jahren ist nun das Bewusstsein dafür gewachsen, dass es tatsächlich doch auch gut ist, den tiefen neuronalen Netzwerken über die Trainingschecks hinaus etwas genauer in ihr verborgenes Handwerk zu blicken. Während das Netzwerktraining lediglich sicherstellt, dass der intelligente Algorithmus Inputdaten richtig zuordnet, kann es nämlich durchaus wichtig sein, herauszufinden, wie und warum das Netzwerk tut, was es tut. Eine solche Erklärung algorithmischer Entscheidungen fragt also gezielt danach, was für den Computer die Kriterien dafür waren, einen Input einem bestimmten Output zuzuordnen: Was war der Grund, dieses Bild als ein Pferdebild zu klassifizieren? Um derartige Fragen beantworten zu können, mussten Wissenschaftler neue mathematische Verfahren entwickeln, da die nichtlinearen Transformationen, die von den künstlichen neuronalen Netzwerken angestellt werden, wenig transparent und schwer zu interpretieren sind.

Das Problem der „Black Boxes", der undurchsichtigen Computeralgorithmen, beschäftigt die Forscher intensiv. Mittlerweile existieren verschiedene Methoden, um diejenigen Eigenschaften der Inputdaten hervorheben zu können, die für die Entscheidung des Algorithmus jeweils ausschlaggebend waren. Derartige Analysen fördern interessante Ergebnisse zutage. So untersuchten beispielsweise Wissenschaftler des Fraunhofer Instituts, der Universität Singapur und der TU Berlin um Wojciech Samek und Klaus-Robert Müller die Ergebnisse zweier verschiedener Algorithmen zur Bildklassifikation, die beide trotz verschiedener zugrundeliegender Methoden in Bezug auf die Richtigkeit ihrer Bildsortierung eine ähnliche Genauigkeit erreichten: Der erste Algorithmus beruhte auf einem tiefen neuronalen Netzwerk, während der zweite eine andere Methode des Maschinenlernens nutzte. Erst als die Forscher sich die Hintergründe der Klassifikation genauer ansahen, kam heraus, dass beide Algorithmen sehr verschiedene Strategien entwickelt hatten. Während der Netzwerk-Algorithmus sich tatsächlich an Konturen im Bild orientierte, um Pferdebilder zu identifizieren, orientierte der andere sich an einer kleinen Schrift, die ausschließlich in Pferdebildern auftauchte und dort das Copyright der Bilder angab. Der zweite Algorithmus hatte zwar richtig erkannt, dass sich im Testsample Pferdebilder durch dieses Copyright-Zeichen auszeichneten. Dass diese Eigenschaft der Bilder aber nichts mit Pferden zu tun hatte, konnte der Algorithmus nicht bemerken. Bei einer Anwendung auf beliebige Pferdebilder hätten beide Algorithmen daher trotz ähnlicher Performance im Test sehr unterschiedlich abgeschnitten.

Eine ähnliche Studie wurde auch von Forschern des Fraunhofer Instituts, der TU Berlin und der Universität Seoul ebenfalls unter Leitung von Samek und Müller durchgeführt. Diesmal wurden Algorithmen untersucht, die Texte in Hinsicht auf deren Inhalt, Stil oder zugrunde liegender Meinung einordnen sollten. Auch in diesem Fall erzielten beide Algorithmen eine ähnliche Testgenauigkeit, obwohl die von ihnen entwickelten Beurteilungsmechanismen sehr verschieden waren: Der Netzwerkalgorithmus basierte seine Einordnungen auf wenige besondere Signalwörter, während der alternative Algorithmus basierend auf Regularitäten bei der Anzahl verwendeter Wörter urteilte.

Die Untersuchungen zeigen, wie gefährlich es gegebenenfalls sein kann, wenn man sich auf die Lernerfolge von Algorithmen verlässt, die man gleichzeitig als Black Box behandelt. Ein Aspekt des Problems beruht darauf, dass durch die Analyse von Daten Korrelationen zutage gefördert werden können, die nicht auf

Notwendigkeiten verweisen müssen. Im Beispiel der Pferdebilder waren im Testsample Pferde und Copyright zwar korreliert und traten immer zusammen auf, die Verbindung beider war aber zufällig. Thomas Wiegand vom Fraunhofer Heinrich Hertz Institut präsentierte im vergangenen Sommer während einer Big-Data-Tagung in Berlin ein besonders illustratives Beispiel eines solchen Versagens. Ein selbstlernendes System sollte vorhersagen, ob eine erkrankte Person als Risikopatient mit einer Lungenentzündung sofort behandelt werden muss. Nach der Trainingsphase, die auf der Grundlage von mehr als 14.000 echten Patientendatensätzen erfolgte, kam das System zu dem Ergebnis, dass Personen mit Asthma, Brustschmerzen und Herzproblemen nicht als Risikopatienten einzuordnen sind – ein Resultat, das offenbar jeder Intuition zuwiderläuft.

Der Grund für die Fehleinschätzung war, dass diese Menschen mit Vorerkrankung von vornherein regelmäßig zum Arzt gehen und daher im Vergleich zu einem gesunden Menschen einem geringeren Risiko unterliegen, an einer Lungenentzündung zu sterben. Sofern diese Tatsache aber dazu führen würde, dass die entsprechenden Patienten im Krankenhaus bevorzugt abgewiesen würden, wäre dies offenbar fatal. Bei allen beeindruckenden Erfolgen lernender Algorithmen, die wir bereits vorzuweisen haben und noch erwarten dürfen, scheint also zu gelten: Blindes Vertrauen kann gefährlich sein, auch intelligente Algorithmen sollten wir kritisch im Auge behalten – zumal, wenn sie mehr und mehr unseren Alltag bestimmen.

Wenn der Computer den Mörder errät

Und wer ist der Mörder? Die Frage stellt sich jeder, der einen (guten) Krimi sieht. Und Möglichkeiten, darüber zu spekulieren, gibt es ja auch vielfältige. Da sind die kritischen Nachfragen der Polizisten. Da sind Sequenzen, in denen sich Verdächtige noch verdächtiger machen. Da zittert die Stimme oder kommt eine Antwort eine Sekunde später als gedacht. Menschen, besonders diejenigen, die häufig Krimis schauen, sind gar nicht schlecht darin, schon früh richtig einzuschätzen, wer wohl am Ende als Mörder überführt werden wird.

Schlaue Computer können das offenbar auch. Lea Frermann, Shay Cohen und Mirella Lapata, drei auf Künstliche Intelligenz spezialisierte Informatiker an der Universität Edinburgh, haben ein Programm konstruiert, das den Mörder im Verlauf einer Krimi-Episode in vielen Fällen richtig vorhersagen kann. Und das sogar mit jeder weiteren Episode dazulernt und noch etwas besser in der Aufklärung wird. Konkret haben sie ihr schlaues Programm 39 Episoden der Krimi-Serie „CSI: Las Vegas" anschauen lassen – und damit einen Teil dieser erfolgreichen Fernsehserie, die insgesamt aus fünfzehn Staffeln und 337 Folgen besteht. Darin werden 59 Verbrechen begangen und aufgeklärt. Die Wissenschaftler formulieren das Erraten des Verbrechers als mathematisches Problem, das mit den gerade angesagten Ansätzen der Künstlichen Intelligenz angegangen werden kann. „Wir argumentieren, dass eine Krimi-Serie (...) verwendet werden kann, um sich dem Verstehen natürlicher Sprache anzunähern und den komplexen Rückschlüssen, die damit zusammenhängen", schreiben sie.

In jeder Folge arbeitet ein Ermittlerteam daran, einen Verbrecher zu finden und zu überführen anhand von schließlich nicht mehr zurückweisbaren Beweisen. „Jede Folge stellt dieselbe ‚Wer hat's getan'-Frage und liefert natürlich die Antwort, wenn der Täter enthüllt ist. Spekulation über die Identität des Täters ist ein integraler Bestandteil davon, CSI anzuschauen, und ein schrittweiser Prozess: Zuschauer überdenken ihre Hypothesen auf Basis neuer Evidenz, während die Episode voranschreitet", formulieren die Forscher weiter. Die Zuschauer lernen also aufgrund von neuen Beobachtungen und getroffenen Aussagen dazu und schätzen aufgrund dessen, wer mit hoher Wahrscheinlichkeit der Täter ist. Denn genau wissen sie das ja nicht.

„Der Aufbau eines Krimis ähnelt einem Deep-Learning-Problem", erklärt Damian Borth, Experte am Deutschen Forschungszentrum für Künstliche Intelligenz (DFKI), und erläutert das Experiment der Wissenschaftler: „Wir haben es hier mit drei Modalitäten der Analyse zu tun." Damit meint er, dass das schlaue Computerprogramm der drei schottischen Forscher die Mörder-Frage über drei Kanäle angeht: Indem es die Sendung anschaut, die Audio-Signale verarbeitet (also zum Beispiel eine zittrige, ruhige oder aufgeregte Stimme) und schließlich durch den gesprochenen Text. Aus alldem versucht der Computer dann, den Täter richtig abzuschätzen, mathematisch gesprochen eine Klassifizierung aller mitspielenden Personen vorzunehmen – in Täter und Nichttäter. In dem Experiment zeigten sich mehrere interessante Ergebnisse. Das Computerprogramm schätzte immer besser, je mehr Episoden es „gesehen" hatte. Es verkleinerte auch den Abstand zu den menschlichen Zuschauern – die bleiben zwar stets besser und schätzen den Täter sogar merklich präziser ein. Allerdings erreichte das Computerprogramm schließlich eine Präzision von mehr als 60 Prozent, wenn es seine Prognose im letzten Zehntel einer Episode abgab. Und schließlich zögerten menschliche Zuschauer länger, bis sie eine erste Prognose über den Täter machten.

„Das Experiment ist ein eindrückliches Beispiel für das, was heute schon mit Deep Learning machbar ist", kommentiert DFKI-Fachmann Borth. Die diesem Computerprogramm wesentlich zugrundeliegende KI-Methode LSTM, eine Art Langzeitgedächtnis, brachten übrigens die beiden deutschen Forscher Jürgen Schmidhuber und Sepp Hochreiter in den neunziger Jahren des vergangenen Jahrhunderts auf den Weg. Sie ist vielseitig einsetzbar – das Technologieunternehmen Alphabet (Google) verwendet sie für die überarbeitete und deutlich bessere Version seines Übersetzungsdienstes. Ein Programmierer ließ mit ihrer Hilfe übrigens einige neue Kapitel der Romanreihe schreiben, auf der die beliebte Fernsehserie „Game of Thrones“ basiert. Wie das gelang, erzählen wir nun.

Künstliche Intelligenz schreibt „Game of Thrones" weiter

Die Bücher („A Song of Ice and Fire") haben sich millionenfach rund um die Welt verkauft, die Fernsehserie dazu („Game of Thrones") ist noch viel erfolgreicher, eine gewaltige Fangemeinde steht dahinter, Kurzgeschichten, kurzum Kult: Das von dem amerikanischen Autor George R. R. Martin erdachte Fantasy-Epos begeistert unzählige Menschen. Und das schon jahrelang. Die im vergangenen Jahr zu Ende gegangene und vom Kabelfernsehbetreiber HBO ausgestrahlte siebte Staffel stellte in den Vereinigten Staaten einen neuen Rekord auf: Im Schnitt sahen mehr als 30 Millionen Menschen jede einzelne Folge.

Wegen des Riesenerfolgs haben die Fernsehleute den Stoff schon weitergesponnen, obwohl Autor Martin bislang erst fünf Romane der Reihe geschrieben hat. Der sechste ist in Arbeit, den Erscheinungstermin hat er schon mehrfach verschoben. Natürlich sind die Fans neugierig, wie er selbst die Handlung weiterdreht. Einer von ihnen, ein Programmierer namens Zack Thoutt, ergriff im vergangenen Jahr die Initiative und fing an, ein sechstes Buch auf den Weg zu bringen – mit Hilfe eines schlauen Computerprogramms. „Ich bin ein großer Fan von ‚Game of Thrones', den Büchern und der Serie", sagte er dem Internetportal „Motherboard". Er verwendete dafür eine der gerade angesagten KI-Methoden, ein spezielles künstliches neuronales Netz. Das hat er die fünf erschienenen Bände lesen lassen, alle 5.376 Seiten, und dem schlauen Programm dann verordnet, davon ausgehend das sechste Buch quasi vorherzusagen. Denn darum handelt es sich mathematisch-statistisch im Grunde genommen.

Das Programm hat sich während der Lese- und Lernphase offenbar teilweise den Stil, vor allem aber besondere und gern verwendete Ausdrucksweisen des Autoren angeeignet. Herausgekommen sind fünf kurze Kapitel, die Thoutt auf der Online-Plattform Github frei zugänglich gemacht hat. Dabei hat das Programm einzelne Charaktere mitunter so fortentwickelt, wie auch in Fan-Theorien spekuliert wird. Eine komplette und vollwertige Replikation des Autors ist ihm aber nicht gelungen, das gibt Thoutt auch freimütig zu. „Es ist offensichtlich nicht perfekt. Es konstruiert keine langfristige Geschichte, und die Grammatik ist nicht perfekt. Aber es ist in der Lage, die Grundsätze der englischen Sprache und Struktur selbst zu lernen, die George R. R. Martin pflegt." Wie er ein schlaues Computerprogramm konstruiert, hat Thoutt gerade erst in einem KI-Kurs der Internet-Akademie Udacity gelernt, sagte er gegenüber „Motherboard". Die wurde im Jahr 2012 von dem in Solingen geborenen Informatiker Sebastian Thrun gegründet, der zuvor leitender Mitarbeiter bei Google war.

Ein echter Roman im Sinne Martins ist Thoutts Einschätzung nach zwar nicht entstanden. Und auch mancher „Fehler" ist dem Programm wohl passiert, wenn es um Personen geht, die in früheren Büchern schon gestorben sind – aber für die gelegentliche Wiederauferstehung ist Martin ja selbst bekannt. „Ein perfektes Modell würde wirklich alles einbeziehen, was in den Bücher passiert ist", erklärt Thoutt. „Die Realität ist hingegen, dass das Programm nicht gut genug ist dafür. Wenn es so wäre, bekämen Autoren möglicherweise Schwierigkeiten. Bislang aber existiert noch keine Technologie, die einen perfekten Text-Generator trainieren kann, der sich komplexe Handlungen über Millionen Wörter merkt." Dafür aber sind die fünf vom Algorithmus erstellten Kapitel sicher eine gerne gelesene Abwechslung für viele Fans. Und irgendwann kommt dann ja wirklich der sechste Teil des Erfinders heraus. Vielleicht ja sogar, bevor der Fernsehsender HBO im Jahr 2019 das ganz große Finale dieser Serie auf die Fernsehbildschirme gebracht haben wird.

„Die Menschheit kann erblühen wie nie zuvor"

Max Tegmark ist ein renommierter Physiker am MIT in Boston. Und ein origineller Denker, wenn es um den Einfluss von Technologie auf uns alle geht. Ausführlich hat er sich auch mit dem Voranschreiten schlauer Computerprogramme befasst. In diesem Interview, mit dem wir unseren Streifzug durch die vielen aktuellen Facetten der Künstlichen Intelligenz beenden wollen, geht es noch einmal um den Blick auf das Ganze und auch in die weiter entferntere Zukunft. Tegmark spricht über Intelligenz, die Angst vor intelligenten Maschinen – und erklärt, was „Leben 3.0" ist.

Herr Professor Tegmark, ist Künstliche Intelligenz gefährlich?
Sogar Feuer ist gefährlich, aber das bedeutet nicht, dass wir es nicht verwenden sollten, um unsere Häuser zu wärmen. Ich bin optimistisch, dass wir eine inspirierende Zukunft kreieren können mittels Künstlicher Intelligenz, wenn wir den Wettlauf gewinnen zwischen der wachsenden Macht der KI und der wachsenden Weisheit, mit der wir sie managen.

Der verstorbene britische Physiker Stephen Hawking warnte einst: „Ich fürchte, dass KI die Menschen insgesamt ersetzen kann", sagte er. Ist das nicht eine gigantische Übertreibung angesichts dessen, dass ja nicht einmal Experten einen klaren Weg kennen zu so etwas wie einer Allgemeinen Künstlichen Intelligenz?
Wir haben keine Allgemeine Künstliche Intelligenz im Moment und wissen nicht, wie wir sie konstruieren können. Aber Umfragen zeigen, dass die meisten KI-Forscher die Ansicht vertreten, dass wir in einigen Jahrzehnten so weit sind. Deswegen ist es absolut vernünftig, über das Risiko dessen zu sprechen. Zum Beispiel erwähnen die Asilomar-KI-Grundsätze …

… hinter Asilomar verbirgt sich eine wichtige Technologie-Konferenz …
… Superintelligenz und ein existentielles Risiko und sind unterschrieben von mehr als 1000 KI-Forschern inklusive führender Leute aus der Industrie wie etwa von Google oder Apple.

Hinter gerade angesagten Begriffen wie Maschinellem Lernen, Deep Learning oder künstlichen neuronalen Netzen stecken wesentlich Klassifizierungsprobleme und sehr ausgeklügelte Statistik – nichts, worüber man sich zu sorgen braucht.
Sogar die heute existierende sogenannte schwache KI bedeutet interessante Herausforderungen wie Arbeitsplatz-Automatisierung, Internetsicherheit, Wählermanipulation, tödliche autonome Waffen und mehr. Aber die größten Herausforderungen – und Chancen – entstehen tatsächlich, wenn der Bereich der Künstlichen Intelligenz erfolgreich ist in seinem ursprünglichen Ziel, alle Aspekte menschlicher Intelligenz zu übertreffen.

Ein Problem in der Diskussion über Künstliche Intelligenz besteht darin, dass es verschiedene Ansichten darüber gibt, was Intelligenz wirklich ist. Der KI-Vordenker Marvin Minsky nannte das einmal ein Kofferwort – jeder packt hinein, was er gerne möchte. Haben Sie eine gute Definition?
Ich definiere Intelligenz einfach als Fähigkeit, komplexe Ziele zu erreichen. Ich verwende diese breite Definition, weil ich „Kohlenstoff-Chauvinismus" verachte, jene arrogante Haltung, nach der Dinge nicht intelligent sein können, wenn sie nicht irgendwie auf Kohlenstoff basieren.

Ist aber Intelligenz nicht ein Konzept, das nach unserem gewöhnlichen Verständnis stark verknüpft ist mit einem biologischen Organismus?
Wir haben uns Intelligenz traditionell als etwas Mysteriöses vorgestellt, das nur in biologischen Organismen existiert, besonders in Menschen. Aus meiner Perspektive als Physiker ist Intelligenz jedoch einfach eine bestimmte Art der Informationsverarbeitung, die bewerkstelligt wird von sich bewegenden Elementarteilchen. Es gibt kein Gesetz der Physik, das besagt, dass man nicht auch Maschinen konstruieren kann, die in jeder Hinsicht intelligenter sind als wir. Das deutet darauf hin, dass wir bislang erst die Spitze des Intelligenz-Eisbergs gesehen haben und dass es ein verblüffendes Potential gibt, die volle Intelligenz zu erschließen, die in der Natur verborgen ist.

Nehmen wir einmal an, dass es eines Tages so etwas wie eine Superintelligenz gibt. Wieso sollte das eigentlich ein essentielles Problem für uns sein? Zum

Vergleich: Die industrielle Revolution neutralisierte Körperkraft, aber heute stört sich niemand daran, dass Autos schneller fahren können, als der schnellste Mensch rennen kann.

Was uns Menschen zu den dominanten Einheiten auf diesem Planeten macht, das ist nicht unsere Kraft, sondern unsere Intelligenz. Wenn wir Maschinen konstruieren, die schlauer sind als wir, dann gibt es deswegen keine Garantie dafür, dass wir die Kontrolle behalten werden. Überdies könnten böswillige Menschen Künstliche Intelligenz nutzen, um andere Menschen zu dominieren. Und dann gibt es noch das eher kurzfristige Problem mit den Arbeitsplätzen: Als die Maschinen der industriellen Revolution unsere Muskeln ausstachen, bildeten wir uns aus und weiter, um bessere Arbeitsplätze zu bekommen, in denen wir vor allem unsere Gehirne nutzen. Wenn die Maschinen der KI-Revolution unsere Gehirne ausstechen, dann gibt es keine Arbeit mehr, die wir günstiger erledigen können als Maschinen.

In Ihrem jüngsten Buch führen Sie den Begriff „Leben 3.0“ ein. Was meinen Sie damit, und was sind im Unterschied dazu „Leben 2.0“ und „Leben 1.0“?

Ich bezeichne Bakterien als „Leben 1.0“, weil sie wirklich dumm sind; unfähig, irgendetwas während ihres Lebens zu lernen. Ich bezeichne uns Menschen als „Leben 2.0“, weil wir lernen können, was wir im Computerfreak-Jargon betrachten als das Installieren neuer Software in unsere Gehirne – zum Beispiel, als ich entschied, Deutsch zu lernen während meiner Schulzeit in Schweden. „Leben 3.0“, was nicht nur seine Software, sondern auch seine Hardware konzipieren kann, existiert noch nicht, aber wir scheinen uns in diese Richtung zu bewegen. Vielleicht sollten wir uns genaugenommen selbst als „Leben 2.1“ bezeichnen, seitdem wir künstliche Knie, Herzschrittmacher und Hörhilfen implantieren können.

Was sollten wir als Gesellschaft denn tun, um uns auf immer schlauere Computer einzustellen?

Erstens einen Rüstungswettlauf verhindern im Bereich tödlicher autonomer Waffen, worüber übrigens die Vereinten Nationen gerade diskutieren. Zweitens sicherstellen, dass der riesige Wohlstand, den Künstliche Intelligenz hervorbringen wird, geteilt wird, um jeden besserzustellen, anstatt große

Teile der Bevölkerung ärmer zu machen und zu befremden. Drittens viel investieren in die Erforschung von Sicherheit im Zusammenhang mit KI. Wie transformieren wir die heutigen anfälligen und angreifbaren Computer in verlässliche KI-Systeme, denen wir wirklich vertrauen können? Und wie können wir garantieren, dass Maschinen unsere Ziele verstehen, adaptieren und daran festhalten?

Und was kann jeder Einzelne tun? Selbst programmieren lernen oder wenigstens unsere Kinder in die Lage versetzen, das schon sehr früh zu können?
Wählt Professionen, in denen Maschinen gegenwärtig schlecht sind, und in denen die Wahrscheinlichkeit gering ist, dass sie in naher Zukunft automatisiert werden. Zum Beispiel in Jobs, die Unvorhersehbarkeit enthalten, Kreativität und soziale Intelligenz. Software-Entwicklung steht derzeit nur für 1 Prozent des Arbeitsmarktes, deshalb kann das nicht die Lösung für die meisten Menschen sein.

Sind Sie eigentlich ein Optimist?
Ich bin optimistisch, dass wir der Menschheit helfen können zu florieren wie niemals zuvor durch fortschrittliche Künstliche Intelligenz. Aber das wird nicht automatisch passieren, wie etwa die Sonne morgen über Deutschland aufgehen wird – wir werden hart planen und arbeiten müssen, um sicherzustellen, dass wir diese mächtige Technologie weise verwenden. Aber lassen Sie mich zum Schluss noch sagen: Es ist wichtig, dass wir uns trotz der Risiken vor Augen halten, was für große Chancen es gibt. Alles, was ich an Zivilisation liebe, ist das Ergebnis von Intelligenz. Wenn wir unsere menschliche Intelligenz verstärken können mittels Künstlicher Intelligenz und die größten Probleme von heute und morgen lösen, könnte die Menschheit deshalb erblühen wie noch nie.

Ein kurzes Nachwort

Wir teilen die zuversichtliche Haltung bezogen auf Künstliche Intelligenz, die Max Tegmark gerade eben in dem Gespräch eingenommen hat. Und die auch den meisten Forschern und Unternehmern eigen ist, die in diesem Buch zu Wort gekommen sind. Die Chancen sind tatsächlich riesig – und sie existieren in vielen Bereichen. In der Industrie, in der Finanzbranche, sogar in der Kunst. Wir haben außerdem in den Blick genommen, dass zugleich Missbrauch auch dieser Technologie möglich ist. Besonders um autonome Waffen sorgen sich viele Fachleute, und gerade auch jene, die gewöhnlich markige Worte meiden. Wir hoffen, dass Sie durch die Lektüre dieses Bandes ein breites Bild bekommen haben davon, was Künstliche Intelligenz bedeutet, wenn derzeit davon die Rede ist. Dass Sie teilnehmen können an den wichtigsten Debatten. Wenn Sie interessiert daran sind, wie die beschriebenen Unternehmen mit ihren Ideen vorankommen, dann erfahren Sie das natürlich auch künftig in der Frankfurter Allgemeinen Zeitung. Schließlich wollen wir noch den genialen Science-Fiction-Autoren Issac Asimov zu Wort kommen lassen, der einmal schrieb: „Ich konnte mich nicht dazu bringen zu glauben, dass, wenn Wissen eine Gefahr darstellt, die Lösung Ignoranz ist." Der KI-Fortschritt fällt auch darunter. Etwas tun kann, wenn ein Rat erlaubt ist, jeder: Dieses Buch lesen oder weiterempfehlen. Sich selbst Grundkenntnisse im Programmieren aneignen. Oder noch wichtiger: Dies den eigenen Kindern ermöglichen. Sie werden das gut brauchen können – ganz gleich, was sie einmal machen.

Die Autoren

Sibylle Anderl studierte in Berlin Physik und Philosophie auf Diplom und Magister, danach promovierte sie an der Universität Bonn im Fach Astrophysik. Von 2013 bis 2017 Forschung am Institut de Planétologie et d'Astrophysique de Grenoble zu Fragen der Sternentstehung. Daneben Arbeit zu Themen der Wissenschaftsphilosophie. Seit 2010 freie Mitarbeiterin bei der F.A.Z., seit 2017 Redakteurin im Feuilleton, Ressort „Natur und Wissenschaft".

Hendrik Ankenbrand wurde 1978 in Hamburg geboren. Nach Abitur und Zivildienst besuchte er die Kölner Journalistenschule für Politik und Wirtschaft. Ein Stipendium führte ihn nach Peking, wo er Vorlesungen besuchte und als Gastredakteur einer Parteizeitung arbeitete, danach war er Visiting Fellow an der Harvard University als Stipendiat der Zeit-Stiftung. Seit Mitte 2014 Wirtschaftskorrespondent der F.A.Z. für China mit Sitz in Schanghai.

Alexander Armbruster ist Jahrgang 1982, studierte Volkswirtschaftslehre in Mainz und wurde nach einem Volontariat Finanzredakteur der Frankfurter Allgemeinen Zeitung. Berichtet für FAZ.NET mittlerweile über Handels-, Währungs- und Technikthemen. Spielt Schach und findet Star Trek super.

Corinna Budras wurde 1976 in Berlin geboren, dort studierte sie auch Jura. Als Journalistin arbeitete sie zunächst bei der Nachrichtenagentur Bloomberg. Im Mai 2005 folgte der Eintritt in das Wirtschaftsressort der F.A.Z. Dort schrieb sie über Wirtschaftsrecht, bevor sie im April 2014 zur F.A.S. wechselte. Seitdem beschäftigt sie sich intensiv auch mit technischen Innovationen und den Einfluss von Künstlicher Intelligenz.

Hanna Decker wurde 1993 in Münster in Westfalen geboren, studierte VWL und Politik in Münster und Lyon mit Schwerpunkt auf Ressourcen- und Energieökonomik. Seit Oktober 2016 Online-Redakteurin in der Wirtschaftsredaktion der Frankfurter Allgemeinen Zeitung.

Stephan Finsterbusch wurde 1966 im sächsischen Glauchau geboren. Er studierte an der City-Universität in London Journalismus, danach Germanistik, Geschichte und Philosophie an der Martin-Luther-Universität in Halle. Im Januar 1997 trat er in die Wirtschaftsredaktion der F.A.Z. ein. Sechs Jahre lang Korrespondent in Tokio. Zurück in Frankfurt berichtet er über Computer, Mode- und Luxusgüter und ist verantwortlich für die Wissenschaftsseiten der F.A.Z. Woche.

Mortel Freidel ist Jahrgang 1983, studierte Geschichte und Germanistik in Freiburg im Breisgau sowie am Deutschen Literaturinstitut in Leipzig. Auslandsaufenthalte in den Vereinigten Staaten und Istanbul. Von 2014 bis 2016 Volontär der Frankfurter Allgemeinen Zeitung, am 1. April 2016 Eintritt in die politische Redaktion der Frankfurter Allgemeinen Sonntagszeitung. Ende 2017 Wechsel in die Nachrichtenredaktion.

Markus Frühauf erblickte im Juni 1967 in Ingolstadt das Licht der Welt. Nach dem Studium der Volkswirtschaftslehre zog er an den Main. Nach einem kurzen Intermezzo beim „Handelsblatt" folgte im November 2001 der Ruf der „Börsen-Zeitung", wo er vor allem über Banken berichtete. Anfang 2009 trat er in die Wirtschaftsredaktion der Frankfurter Allgemeinen Zeitung ein und schreibt auch dort über Banken, Anleihemärkte und Finanzaufsicht.

Carsten Germis wurde 1959 in Hannover geboren. 1982 bis 1986 Studium der Politik- und der Verwaltungswissenschaften in Bamberg und in Hamburg. Im November 2001 Eintritt als Berliner Korrespondent in die Wirtschaftsredaktion der Frankfurter Allgemeinen Sonntagszeitung. Im Januar 2010 ging er als Wirtschaftskorrespondent der F.A.Z. für Ostasien nach Tokio. Im April 2015 kehrte er zurück nach Deutschland und berichtet seitdem mit Sitz in Hamburg über Wirtschaft und Unternehmen im Norden der Bundesrepublik.

Georg Giersberg ist Redakteur der Frankfurter Allgemeinen Zeitung. Er schreibt vor allem über betriebswirtschaftliche Themen. Das Thema Industrie 4.0 und seine Fortschritte begleitet er seit dem Aufkommen des Begriffs im Jahr 2011.

Rüdiger Köhn wurde 1958 in Hamburg geboren, studierte VWL und Politik, arbeitete für „Handelsblatt", „Die Welt" und nach einem Sabbatical-Jahr an der Westküste der Vereinigten Staaten für die „Börsen-Zeitung". Seit Oktober 2001 gehört er der Wirtschaftsredaktion der F.A.Z. an, schrieb für den Unternehmensteil über die Automobilindustrie sowie die Maschinenbaubranche. Seit Oktober 2008 ist er Wirtschaftskorrespondent in München.

Roland Lindner wurde 1970 im oberfränkischen Pottenstein geboren. Nach einem Betriebswirtschaftsstudium in Regensburg und Boulder/Colorado begann seine journalistische Laufbahn 1996 mit einem Volontariat im Deutschen Fachverlag bei der „Lebensmittel Zeitung", woraus 1998 eine Redakteursstelle wurde. 1999 Wechsel zur Frankfurter Allgemeinen Zeitung als Blattmacher im Unternehmensteil der Wirtschaftsredaktion. Seit 2002 Wirtschaftskorrespondent in New York.

Thomas Oberfranz wurde am 4. März 1992 in Worms geboren. Nach dem Abitur folgt das Studium an der Johannes Gutenberg-Universität in Mainz, Geschichte und Politik im Bachelor, Journalismus im Master. Während des Studiums Praktika bei ARD.de, FAZ.NET, loyal – Magazin für Sicherheitspolitik, REPORT MAINZ, ZDF heute plus und ZDF Zeitgeschichte. Seit 2018 Junior Redakteur vom Dienst bei FAZ.NET.

Henning Peitsmeier wurde 1968 im ostwestfälischen Bünde geboren. Nach Abitur und Ausbildung zum Bankkaufmann 1990 Studium der Volkswirtschaftslehre an der Universität Münster. Das Interesse an der Kreditwirtschaft bringt ihn erst zur „Börsen-Zeitung", im Juli 1999 dann zur F.A.Z., für die er über Banken und die Autobranche berichtete und seit 2009 als Korrespondent aus München.

Susanne Preuß ist von Geburt an neugierig und während der Schulzeit vielseitig interessiert, weshalb Graecum zu Mathe-Leistungskurs passt. Nach einem spannenden Jahr in einer Lokalredaktion folgt das BWL-Studium in Pforzheim mit Schwerpunkt auf Fremdsprachen. Auf sechs Jahre Stuttgarter Zeitung folgen drei Jahre als freie Journalistin (mit kleinem Kind zu Hause). Seit dem Jahr 2000 Korrespondentin der F.A.Z. in Stuttgart.

Johannes Ritter wurde im Jahr 1964 in Münster geboren. Er studierte Englisch, Spanisch und Betriebswirtschaft in Gießen und Edinburgh. Nach dem Diplomabschluss ging er als Korrespondent für die „Börsen-Zeitung" nach München. Seit Oktober 1999 arbeitet er für die F.A.Z., zunächst in Berlin, dann in Hamburg und seit November 2014 als Korrespondent in der Schweiz.

Michaela Seiser wurde 1968 in Neunkirchen in Niederösterreich geboren. Nach der Matura (Abitur) in Wiener Neustadt studierte sie VWL. Leitende Redakteurin der wissenschaftlichen Fachzeitschrift „Industrie aktuell“, parallel dazu ständige Mitarbeiterin im „Blick durch die Wirtschaft“ sowie in einigen österreichischen Wirtschaftsmagazinen. Seit 1999 berichtet sie als Korrespondentin der F.A.Z. über die österreichische Wirtschaft.